中小学生中国精神研学系列读本

# 工匠精神研学

高海生　
沈和江　主编

新华出版社

图书在版编目（CIP）数据

　　工匠精神研学 / 高海生，沈和江主编. -- 北京：新华出版社，2020.10
　　（中小学生中国精神研学系列读本）
　　ISBN 978-7-5166-5426-2

　　Ⅰ．①工… Ⅱ．①高… ②沈… Ⅲ．①职业道德－青少年读物 Ⅳ．①B822.9-49

　　中国版本图书馆CIP数据核字(2020)第192770号

工匠精神研学：中小学生中国精神研学系列读本

| 主　　编：高海生　沈和江 | |
|---|---|
| 责任编辑：徐　光 | 封面设计：行之研学图文部 |
| 出版发行：新华出版社 | |
| 地　　址：北京市石景山区京原路8号 | 邮　　编：100040 |
| 网　　址：http://www.xinhuapub.com | |
| 经　　销：新华书店、新华出版社天猫旗舰店、京东旗舰店及各大网店 | |
| 购书热线：010-63077122 | 中国新闻书店购书热线：010－63072012 |
| 照　　排：行之研学图文部 | |
| 印　　刷：河北新华第二印刷有限责任公司 | |
| 成品尺寸：184mm×260mm　　1/16 | |
| 印　　张：6 | 字　　数：70.7千字 |
| 版　　次：2021年1月 第1版 | 印　　次：2021年1月 第1次印刷 |
| 书　　号：ISBN 978-7-5166-5426-2 | |
| 定　　价：25.00元 | |

**版权专有，侵权必究。如有质量问题，请与印刷厂联系调换：0311-85287760**

# 编前语

工匠，生产力的杰出代表。

在中华文明的历史长河中，曾经有过许许多多的大国工匠，推动了生产力的发展和社会的进步。

工匠精神是中国精神的重要组成部分，是以改革开放为核心的时代精神的重要内容。习近平总书记号召"要在全社会弘扬精益求精的工匠精神，激励广大青年走技能成才、技能报国之路"。

华夏文明的工匠，从炎黄的耕织、医药，尧、舜制陶精研细琢、器不苦窳，大禹治水左准绳、右规矩，四大发明、嫘祖始蚕、鲁班造锯、扁鹊制药、李春建桥、黄道婆研制纺织器具，营造都江堰、万里长城、大运河，到大庆油田、两弹一星、载人航天和高铁、大飞机、航母、港珠澳大桥等，无一不凝聚着报国敬业、精益求精、严谨认真、极端负责、科学创新的大国工匠精神。

工匠精神研学是加强中小学生爱国主义教育、社会主义核心价值观教育、育人教育和素质教育的重要内容，是回答"培养什么人、怎样培养人、为谁培养人"的教育根本问题。

# 研学导图

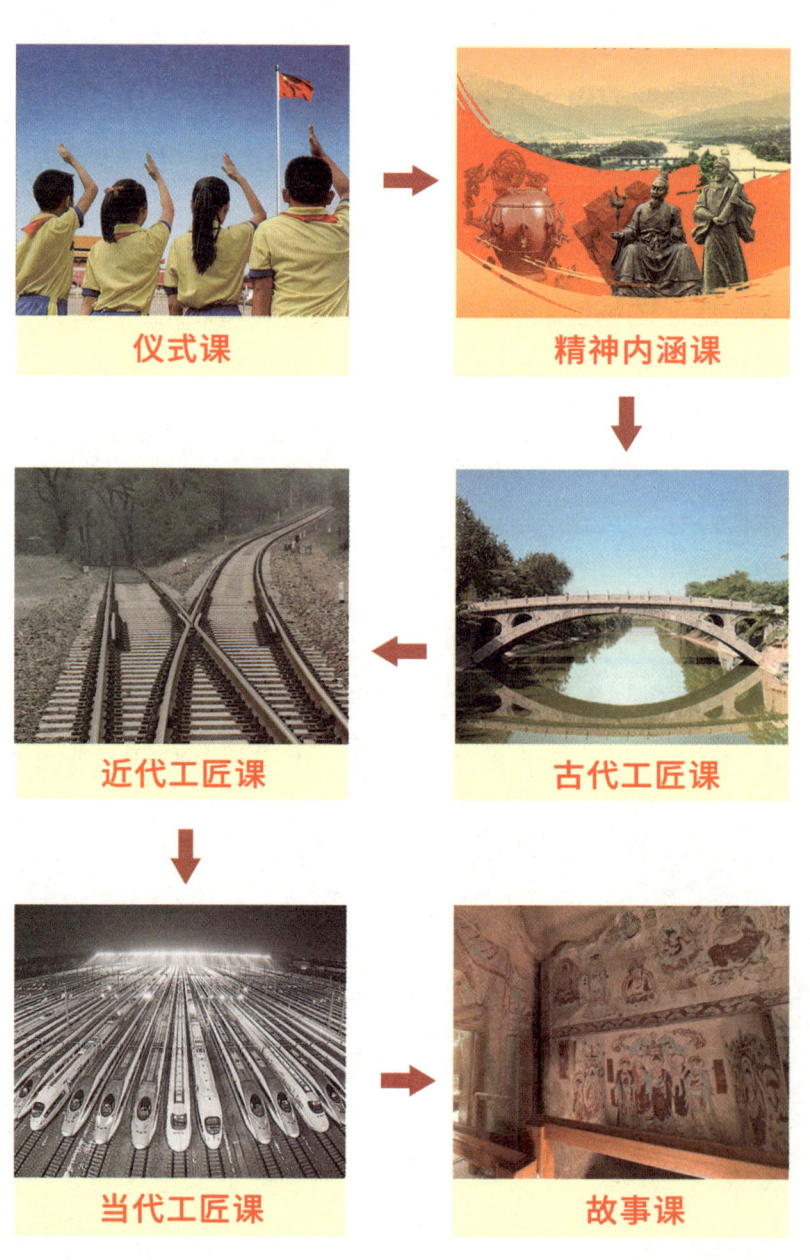

## 我的研学准备

| 项　　目 | 出发地 | 目的地 |
|---|---|---|
| 省（市） | | |
| 时　　间 | 出发时间：＿＿＿月＿＿日＿＿点<br>返回时间：＿＿＿月＿＿日＿＿点 | 出发时间：＿＿＿月＿＿日＿＿点<br>返回时间：＿＿＿月＿＿日＿＿点 |
| 气　　温 | 最高温度：＿＿＿最低温度：＿＿＿ | 最高温度：＿＿＿最低温度：＿＿＿ |
| 交通工具 | | |
| 穿衣指数 | | |
| 基地概况 | | |
| 课业预览 | | |
| 其　　他 | | |

## 我的研学旅行包

| 类型 | 自备物品 | 物品出发时 | 回程时 | 下次出行需增减物品 |
|---|---|---|---|---|
| 证件 | □身份证　　□户口本（本人页）　　□学生证 | | | |
| 箱包 | □旅行箱　□双肩背包　□＿＿＿＿＿＿＿＿ | | | |
| 洗漱用品 | □牙刷　□牙膏　□漱口杯　□毛巾　□洗发水<br>□沐浴液　□＿＿＿＿＿＿＿＿ | | | |
| 日常用品 | □水杯　□卫生纸　□湿纸巾　□塑料袋　□零钱<br>□＿＿＿＿＿＿＿＿ | | | |
| 换洗衣物 | □内衣　□外套　□防滑拖鞋　□校服　□防寒服<br>□手套　□防水袋　□＿＿＿＿＿＿＿＿ | | | |
| 学习用品 | □研学活动手册　□笔记本、日记本　□蓝、黑碳素笔<br>□双面胶　□＿＿＿＿＿＿＿＿ | | | |
| 电子设备 | □手机　□相机　□充电器　□移动电源　□＿＿＿＿ | | | |
| 日常用药 | □晕车药　□感冒药　□止泻药　□创可贴<br>□花露水　□风油精　□＿＿＿＿＿＿＿＿ | | | |
| 其他 | □＿＿＿＿＿＿＿＿＿＿＿＿＿＿＿＿＿＿＿＿ | | | |

温馨提示：出行时不要携带大量现金。乘坐公共交通工具时请不要携带危险用品！

# 研学旅行文明公约

**我承诺：**

自_____年____月____日开始，全程参加研学教育活动，承诺如下：

一、我决不：擅自离队，擅自离开居住地，住宿时串寝，大声喧哗，影响他人休息，乱花钱，吃不洁的食物，随便购买路边摊上的食品、饮料等。

二、我能够：严格遵守研学实践课程活动的各项要求，做到守时守规，集体行动听从指挥。

三、我愿意：讲文明有礼貌，尊重他人劳动；爱护研学实践课程的物品，如有损坏愿照原价赔偿。

四、我可以：保管好自己的贵重物品，确保自己的人身安全；牢记自己乘坐车辆的车号、车标，住宿所在的楼层、房间号；记住同住营员的姓名，如发现同伴离队，马上向老师报告。

五、我希望：参加实践课程活动的成员都能积极参与，学有所获。

六、我一定：听老师的话，和我的伙伴们互帮互助、团结友爱，建立我们最优秀的团队；认真完成实践课程、活动课程，完成手册内容，用心记录实践课程生活。

七、如果我：活动期间遇到身体不适或突发事件，我会第一时间告诉辅导员或带队老师，而不是自行处理；有物品丢失情况，及时向老师报告。

八、在整个实践课程活动期间，我一定随身携带活动手册，出现任何问题我可以按手册上的号码打电话求助。

谨誓！

承诺人：_____

_____年_____月_____日

# 目 录

## 仪式课 … 1

【研学内容 1】升旗仪式 … 2

【研学内容 2】宣誓仪式 … 2

【研学内容 3】安全教育 … 3

【研学内容 4】活动组织 … 4

## 精神内涵课 … 5

【研学内容 1】工匠精神 … 6

【研学内容 2】精神内涵 … 6

【研学内容 3】精神传承 … 6

## 古代工匠课 … 9

【研学内容 1】概述 … 10

【研学内容 2】神话故事 … 10

【研学内容 3】先秦时期工匠 … 10

【研学内容 4】秦汉时期工匠 … 15

【研学内容 5】魏晋南北朝时期工匠 … 19

【研学内容 6】隋唐时期工匠 … 25

【研学内容 7】宋辽金时期工匠 … 31

【研学内容 8】元明清时期工匠 … 39

## 近代工匠课 .......... 51

【研学内容1】概述 .......... 52

【研学内容2】军工、造船 .......... 52

【研学内容3】数学、天文 .......... 59

【研学内容4】铁路、桥梁 .......... 60

## 当代工匠课 .......... 64

【研学内容1】概述 .......... 65

【研学内容2】航天工匠 .......... 65

【研学内容3】高铁工匠 .......... 66

【研学内容4】制造工匠 .......... 70

## 故事课 .......... 74

【研学内容1】给机械以生命的人 .......... 75

【研学内容2】故宫红墙内的钟表匠 .......... 77

【研学内容3】蜀道电力的守护者 .......... 78

【研学内容4】"黄河人"的精神底色 .......... 80

【研学内容5】油田里的"土专家" .......... 81

【研学内容6】为壁画"治病"的医生 .......... 83

【研学内容7】码头上的"桥吊大师" .......... 84

## 后记 .......... 87

# 仪式课

## 现场组织　集体活动

【研学类型】活动类。

【教学提示】现场教学，注重过程，即时考评。

【研学要求】班级列队，服装整齐，听从安排，秩序井然。

## 工匠精神研学

【研学内容1】升旗仪式

    **地　点**　基地广场。

    **列　队**　以班级为单位。

    **主　持**　学校、基地或组织单位。

    **升　旗**　升中华人民共和国国旗，唱中华人民共和国国歌。

【研学内容2】宣誓仪式

    **地　点**　基地广场。

    **列　队**　以班级为单位。

    **主　持**　学校、基地或组织单位。

    **领　誓**　学生代表。

    **宣誓词**　我是_____学校___年级___班的学生，我将积极参加学校组织的研学教育活动，在活动中遵守纪律、注意安全，开拓视野、增长知识，团结友爱、互相帮助，努力成长为一名新时代德、智、体、美、劳全面发展的接班人。

【研学内容3】安全教育

宣 读　研学安全事项，研学线路，集合时间，乘车地点和标志物提示。

应 急

报警110

救护120

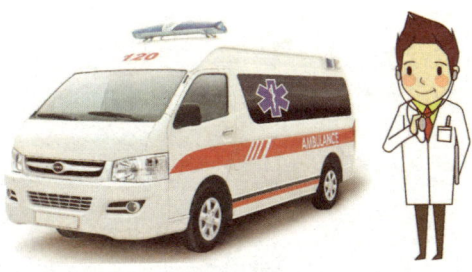

避难场所

火警119

## 工匠精神研学

**【研学内容4】活动组织**

时　间　课时，内容，起点，终点。

线　路　研学线路、节点安排依照课时选定。

活　动　讲解，依据教材、课时选定讲解内容。

　　　　互动，依据教材、课时选定互动内容。

　　　　参与，依据教材、课时选定参与内容。

# 精神内涵课

## 班级组织　现场讲解

【研学类型】知情类。

【教学提示】有效组织,现场讲解,即时考评。

【研学要求】列队,集中听讲、提问,注意安全,遵守纪律。

【研学作业】领悟工匠精神。

## 【研学内容1】工匠精神

精神是一个民族文化、信仰、气质、品格等，在时代背景下由群体或个体集中表现出来的一种力量。中华民族的工匠精神是在长期的社会实践中，经过世代传递、恪守相约、文化延续、信仰坚持，形成和凝练出的报国敬业、精益求精、严谨认真、极端负责、科学创新的精神。

## 【研学内容2】精神内涵

**报国敬业** 追求敬畏尽职尽责的职业美德，用忠于职守、专心致志的工作态度，实现报效祖国的敬业精神。

**精益求精** 追求极致的职业品质，在已经做得很好的基础上，还要追求做得更好的职业精神。

**严谨认真** 追求完美的职业品格，对工作、产品雕琢钻研，一丝不苟，不投机取巧、确保质量、严格标准的人格精神。

**极端负责** 追求执着坚持的职业责任，用耐心、专注和永不停步的进取意识，心无旁骛做到术业有专攻的负责精神。

**科学创新** 追求敢为天下先的创新勇气，不墨守成规、因循守旧，崇尚"文不按古、匠心独妙"的锐意进取精神。

## 【研学内容3】精神传承

**学习工匠精神** 工匠不能一蹴而就，更不是一朝一夕就可以成为工匠的。在学生时代就应该从小树立工匠意识，从小事学做工匠精神，从生活琐事到课业习作都要秉持一种负责的精神、认真的精神和坚持不懈的精神。

**实践工匠精神** 学习工匠精神贵在践行工匠精神，只有敢于践行才能梦想成真。践行就是要从生活自理、劳动价值观的树立和基本劳动技能的掌握上，去参与社会实践、去体验劳动的意义和价值，从中领悟到工匠精神的真谛。

**弘扬工匠精神** 实现中国梦和"两个一百年"的宏伟目标,就要造就一支宏大的产业工人队伍,培育从优秀到卓越的工匠意识,铸就匠魂、匠心、匠人的品格精神,努力使自己成为知识型、技能型、创新型劳动大军的一员,形成劳动光荣的社会风尚和精益求精的敬业风气。

**【研学小结】**

小学阶段：说出工匠精神。

初中阶段：说出工匠精神的内涵。

高中阶段：说说如何弘扬和传承工匠精神。

**【小结形式】**

小学阶段：提示完成。

初中阶段：交流完成。

高中阶段：讨论完成。

**【研学考评】**

导师考评：侧重现场活动。

基地考评：侧重组织纪律。

学校考评：侧重参与意识。

学生互评：侧重团队意识。

**【考评档次】**

合格：按要求参与研学活动，遵守纪律、服从安排。

良好：按要求参与研学活动，遵守纪律、服从安排，参与意识较强。

优秀：按要求参与研学活动，遵守纪律、服从安排，参与意识和团队意识较强。

# 古代工匠课

**班级组织　现场讲解**

【研学类型】知情类。

【教学提示】有效组织，现场讲解，即时考评。

【研学要求】列队，集中听讲、提问，注意安全，遵守纪律。

【研学作业】领悟工匠精神，观察模型，描述模型，制作模型。

## 工匠精神研学

**【研学内容1】概述**

在中华文明的历史长河中,曾经有过许许多多的大国工匠,推动了生产力的发展和社会的进步。

**【研学内容2】神话故事**

在古老的神话故事中,中华民族的先人把对自然的认识和改造自然的美好梦想用盘古开天地的造物故事、女娲补天抟土造人化生万物的动人故事、伏羲渔工农牧建家立业的故事和后羿射日万物和谐的故事,塑造了推动社会文明发展的神。三皇五帝的历史故事在生产力的发展和生产工具的发明创造上,更是将人类社会敢于造物、改天换地和创造美好生活的愿望化作了口碑相传的精神力量。

**【研学内容3】先秦时期工匠**

人物　仓颉,原姓侯冈,名颉。

时期　黄帝时期。

工物　仓颉造字,出自《荀子》《吕氏春秋》《淮南子》等著作。《淮南子·本经训》:"昔者仓颉作书,而天雨粟,鬼夜哭。"《荀子·解蔽》:"好书者众矣,而仓颉独传者壹也。"《吕氏春秋》:"奚仲作车,仓颉作书。"

传说中的仓颉

仓颉造字之前,人们结绳记事,即大事打一大结,小事打一小结,相连的事打一连环结。后又发展到用刀子在木竹上刻以符号作为记事。随着历史的发展,文明渐进,事情繁杂,名物繁多,用结绳刻木的方法,远不能适应需要,这就有创造文字的迫切要求。黄帝时期是发明创造较多的时期,

仓颉造的字

那时不仅发明了养蚕，还发明了舟、车、弓弩、镜子和煮饭的锅与甑等，在这些发明创造影响下，仓颉也决心创造出一种文字来。仓颉从羊马蹄印得到灵感，日思夜想到处观察，看尽了天上星宿的分布情况、地上山川脉络的样子、鸟兽虫鱼的痕迹、草木器具的形状，描摹绘写，造出种种不同的符号，并且定下了每个符号所代表的意义。他按自己的心意用符号拼凑成几段，拿给人看，经他解说，倒也看得明白。仓颉把这种符号叫作"字"。

**人物** 禹，大禹，安邑（今山西省夏县）人。

**时期** 三皇五帝时期。

**工事** 三皇五帝时期，黄河泛滥，鲧、禹父子二人受命于尧、舜二帝，任崇伯和夏伯，负责治水。大禹率领民众，与自然灾害洪水斗争，最终获得了胜利。面对滔滔洪水，大禹从鲧治水的失败中吸取教训，改变了"堵"的办法，对洪水进行疏导，体现出他具有带领人民战胜困难的聪明才智；大禹为了治理洪水，长年在外与民众一起奋战，置个人利益于不顾，"三过家门而不入"。开凿龙门，平治水患，铸造九鼎，统一天下。

大禹治水图

## 工匠精神研学

**人 物** 伯益，东夷（今山东省）人。

**时 期** 五帝末期至夏朝早期。

**工 事** 创造益井、驯鸟术、驯兽术、治水术，在《史记》之《夏本纪》《秦本纪》等中记有，伯益佐禹平治水土，传民众种植稻谷，发明了凿井技术。

伯益

**人 物** 奚仲，东夷薛国（今山东省枣庄市）人。

**时 期** 夏朝。

**工 物** 发明了两轮马车，据《滕县志》记载："当夏禹之时封为薛，为禹掌车服大夫。奚仲生吉光，吉光是始以木为车。以木为车盖仍缵车正旧职，故后人亦称奚仲造车。"奚仲因造车有功，被夏王禹封为"车服大夫"（亦称"车正"）。马车的出现，其贡献不亚于"四大发明"，奚仲是古薛国地面上出现最早的、最大的发明家、政治家，过世后被百姓奉为车神。

奚仲造车图

人物　杜康，又名少康，有仍国（今山东省济宁市市中区）人。

时期　夏朝。

工物　中国古代的酿酒始祖，后世将杜康尊为酒神，制酒业则奉杜康为祖师爷。汉《说文解字》载杜康始作秫酒。

杜康酿酒图

人物　伊尹，空桑（今河南省）人，商汤时期一代名厨，有"烹调之圣"美称。

时期　商朝。

工物　由烹饪而通治国之道，成为商汤心目中的智者贤者，被任用为相。《道德经》所讲的"治大国若烹小鲜"便是由此而来。

人物　欧冶子，越国（今浙江省宁波市）人，中国古代铸剑鼻祖，铸造的一系列青铜名剑，冠绝华夏。

时期　春秋末期到战国初期。

工物　在春秋五霸、战国七

越王勾践剑

雄的争霸战争中，欧冶子铸造的宝剑显示了无穷威力与摄人心魄的艺术魅力。欧冶子曾为越王勾践铸了五柄宝剑：湛卢、巨阙、胜邪、鱼肠、纯钧；为楚昭王铸了三柄名剑：龙泉、泰阿、工布。

**人物** 鲁班，姬姓，又称鲁盘或者鲁般，鲁国人。

**时期** 春秋末期到战国初期。

**工物** 《事物绀珠》《物原》《古史考》等古籍记载，木工工具器械由鲁班创造，如曲尺、墨斗、刨子、钻子、锯子等工具。这些木工工具的发明使当时工匠们从原始繁重的劳动中解放出来，劳动效率成倍提高，土木工艺出现了崭新的面貌。后来人们为了纪念这位名师巨匠，把他尊为中国土木工匠的始祖。

鲁班

**人物** 李冰，号陆海，出生地不详，著名的水利工程专家。

**时期** 战国时期。

**工事** 李冰是我国杰出的水利工程学家，都江堰的设计者和兴建的组织者。都江堰位于四川省中部岷江中游，整个工程是由分水堰、

李冰治水图

飞沙堰和宝瓶口三个主要工程组成的。它的规模宏大，地点适宜，布局合理，兼有防洪、灌溉、航行三种作用，在世界水利工程史上是罕见的奇迹。

两千多年来，一直发挥着巨大的排灌作用，确保了当地农业生产。据《华阳国志·蜀志》记载，李冰曾在都江堰安设石人水尺，这是中国早期的水位观测设施。他还在今宜宾、乐山境开凿滩险，疏通航道，又修建汶井江（今崇庆市西河）、白木江（今邛崃南河）、洛水（今石亭江）、绵水（今绵远河）等灌溉和航运工程，以及修索桥、开盐井等。

都江堰美景

### 【研学内容4】秦汉时期工匠

秦汉时期，手工业生产有了较大发展，表现是门类齐全、种类繁多，生产规模和生产技术水平都有了提高。虽然还是依靠手工劳动、使用简单工具的小规模生产，在整个社会生产中比重也不大，但具有了特殊重要的地位，为文明的发展提供了基础和条件。

**人物** 丁缓，长安（今陕西省西安市）人，著名工匠、发明家。

**时期** 西汉末期。

**工物** 丁缓擅长机械器具制造，曾制作过铜灯、博山炉、被中香炉和

## 工匠精神研学

七轮扇等。铜灯,据《西京杂记》载,装饰有七龙五凤,并衬以芙蓉、莲藕,华丽美观,名谓"常满灯"。被中香炉,又称卧褥香炉,炉中放入香料,点燃后,安放被褥中,香气四溢。炉内设机环,运转十分灵活,其法是

被中香炉

将香炉置一镂空球内,用两个机架将其架起,利用相互垂直的转轴及香炉本身的重量,任凭如何翻动,内部的炉体能始终保持平稳,而炉中所装香料也不会因此倾翻,丁缓的被中香炉是世界上已知最早的常平支架。九层博山炉,亦为熏香用具,上面透雕各种奇禽怪兽,生动自然,做工巧妙奇特。七轮扇,构思机巧,七轮大皆径尺,应用机关,递相连续运转,只需一人之劳,可使满室生风。

**人物** 张衡,字平子,南阳郡西鄂县(今河南省南阳市石桥镇)人。杰出的天文学家、数学家、发明家、地理学家、文学家。

**时期** 东汉时期。

**工物** 地动仪、浑天仪、瑞轮荚、指南车、记里鼓车、独飞木雕。

**地动仪** 公元132年张衡发明了最早的地动仪,称候风地动仪。据《后汉书·张衡传》记载:地动仪用精铜铸成,圆径八尺,

张衡

顶盖突起，形如酒樽，用篆文山龟鸟兽的形象装饰。中有大柱，傍行八道，安关闭发动之机。它有八个方位，每个方位上均有一条口含铜珠的龙，在每条龙的下方都有一只蟾蜍与其对应。任何一方如有地震发生，该方向龙口所含铜珠即落入蟾蜍口中，由此便可测出发生地震的方向。

**浑天仪**　浑天仪是用一个直径四尺多的铜球，球上刻有二十八宿、中外星官以及黄赤道、南北极、二十四节气、恒显圈、恒隐圈等，成一浑象，再用一套转动机械，把浑象和漏壶结合起来，以漏壶流水控制浑象，使它与天球同步转动，以显示星空的周日运动。

**瑞轮蓂**　瑞轮蓂是张衡创造的自动日历，它依据神话中奇树蓂荚的生长特征，靠流水作用，从每月初一开始，一天出现一片叶子，到满月出齐十五片，然后每天再收起一片，到月末为止，循环开合，依据这个神话制作的瑞轮蓂反映了尧帝时期天文历法的进步。张衡的机械装置就是在这个神话的启发下发明的，所谓"随月盈虚，依历开落"，其作用就相当于现今钟表中的日期显示。

**指南车**　指南车利用机械原理和齿轮的传动作用，由一辆双轮独辕车组成。车厢内用一种能自动离合的齿轮系统，车厢外壳上层置一木刻仙人，

地动仪

浑天仪

## 工匠精神研学

无论车子朝哪个方向转动,木人伸出的臂都指向南方。

**记里鼓车** 记里鼓车是用以计算里程的机械。据《古今注》记载:"记里车,车为二层,皆有木人,行一里下层击鼓,行十里上层击镯。"记里鼓车与指南车制造方法相同,所利用的差速齿轮原理,早于西方1800多年。

记里鼓车

**独飞木雕** 张衡在公元126年写成的《应间》里曾说:"三轮可使自转,木雕犹能独飞。"这是关于张衡木制机械成果的最直接材料。"木雕独飞"是在木雕内部装上机关,利用弹性物体积蓄能量,加以控制,使其能有规律地逐步释放,制造出螺旋桨推进器,使它能依靠"腹内施机"的力量自由飞翔起来。张衡的机械飞行器不但是中国最早的发明创造,而且也是世界最早的发明创造。

**人 物** 蔡伦,字敬仲,桂阳郡人。

**时 期** 东汉时期。

**工 物** 蔡伦于公元105年改进了造纸术,用树皮、破布和麻头等做原料,制成了植物纤维纸。先让工匠们把树皮、破麻布、旧渔网等切碎剪断,放在一个大水池中浸泡,过一段时间后,其中的杂物烂掉了,而纤维不易腐烂,就保留了下来,再让工匠

蔡伦

们把浸泡过的原料捞起，放入石臼中，不停搅拌，直到它们成为浆状物，然后再用竹篾把黏糊糊的东西挑起来，等干燥后揭下来就变成了纸。蔡伦带着工匠们反复试验，试制出既轻薄柔韧，又取材容易、来源广泛、价格低廉的纸。

**人物** 杜诗，字君公，河南汲县（今河南省卫辉市）人，水利学家、发明家。

**时期** 东汉时期。

**工物** 创造水排（水力鼓风机），以水力传动机械，使皮制的鼓风囊连续开合，将空气送入冶铁炉，铸造农具，用力少而见效多。

水力鼓风机

【研学内容5】魏晋南北朝时期工匠

魏晋南北朝是中国历史上极度动乱的时期，从东汉末年至隋的统一，除西晋短暂的统一外，战争几乎从未停止过。战争频繁、政权更迭、南北对峙，使得这一时期手工业经济的发展受到严重的破坏。从事手工业劳动的工匠，其身份地位、生活待遇更是卑微凄惨。值得注意的是，尽管时代动乱，工匠生存不易，但到了南北朝中后期，这种状况逐渐好转，主要表现在工匠服役时间的缩短、人身控制的松动、职业世袭的松动等各方面。

**人物** 马钧，字德衡，扶风（今陕西省兴平市）人，著名工匠、机械发明家。

**时期** 三国时期。

**工物** 马钧虽不善言辞，却心灵手巧，擅长解决技术难题。还原指南车，改进织绫机，发明龙骨水车，制作水转百戏木偶，制作轮转式发石车，改制了诸葛连弩。

**指南车** 东汉时期张衡创造了指南车,但制造指南车的方法失传。马钧在没有资料、没有模型的情况下,苦钻苦研,反复实验,终于运用差动齿轮的构造原理,制成了指南车。在战火纷飞、硝烟弥漫的战场上,不管战车如何地翻动,车上木人的手指始终指南。

**新式织绫机** 绫是一种表面光洁的提花丝织品,中国是世界上生产丝织品最早的国家。劳动人民在生产实践中发明的老式织绫机,有120个蹑,人们用脚踏蹑管理它,织一匹花绫得用两个月左右的时间。虽经多次简化,仍然是50根经线的织绫机50蹑,60根经线的织绫机60蹑,非常笨拙。马钧看到工人在这种织绫机上操作,累得满身流汗,生产效率很低,就下决心改良这种织绫机,以减轻工人的劳动。于是,他深入到生产过程中,对旧式织绫机进行了认真研究,重新设计了一种新式织绫机。新织绫机简化了踏具,改造了桄运动机件,控制着经线的分组、上下开合,以便梭子来回穿织。将踏具改造成12蹑,经过这样一改进,新织绫机不仅更精致,更简单适用,而且生产效率提高了四五倍,织出的提花绫锦,花纹图案奇特,

老式织绫机

马钧改良后的新式织绫机

花型变化多端，受到了广大丝织工人的欢迎。

**龙骨水车**　古代中国广泛使用着一种龙骨水车，也叫翻车。它应用齿轮的原理汲水，但比较粗糙，在此基础上马钧重新发明创造了一种新式翻车，才使得翻车广泛推广应用，从而形成了从东汉到三国翻车的正式产生。车身用三块板拼成矩形长槽，槽两端各架一链轮，以龙骨叶板作链条，穿过长槽；车身斜置在水边，下链轮和长槽的一部分浸入水中，在岸上的链轮为主动轮；主动轮的轴较长，两端各带拐木四根；人靠在架上，踏动拐木，

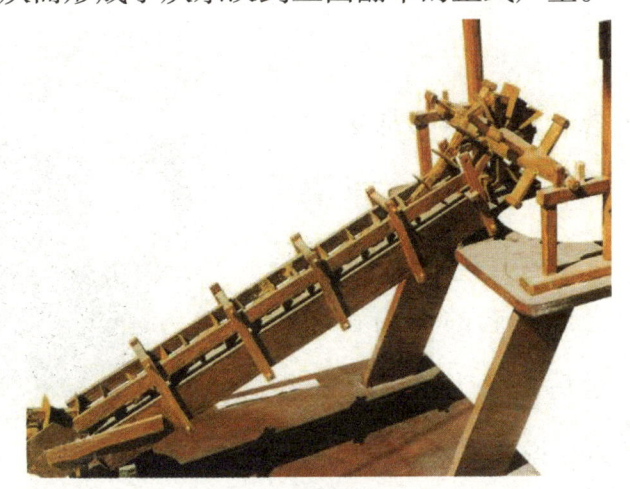

龙骨水车

驱动上链轮，叶板沿槽刮水上升，到槽端将水排出，再沿长槽上方返回水中。如此循环，连续把水送到岸上。

**水转百戏**　马钧在传动机械方面的研究，造诣是很深的，成绩也是极其卓著的。"水转百戏"是用木头制成原动轮，以水力推动，使其旋转，通过传动机构，使上层的所有陈设的木偶动起来，有的击鼓，有的吹箫，有的跳舞，有的耍剑，有的骑马，有的在绳上倒立，还有百官行署，真是变化无穷。这些木偶出入自由，动作极其复杂，巧妙程度使原来的百戏木偶无法比拟。"水转百戏"的研制成功，在中国古代木偶艺术中，应该说是非常卓越的创造。

**轮转式发石车**　官渡之战中，曹操使用发石车攻击袁绍阵地，但只能单发，攻城威力不大，敌方在城楼上挂起湿牛皮，就能挡住发石车抛出的

石头。马钧在原发石车基础上，重新设计出了一种新式的攻城武器轮转式发石车，克服了旧发石车的缺点，利用一个木轮子，把石头挂在木轮上，装上机械带动轮子飞快地转动，就可以把石头接连不断地发射出几百步远，使敌方来不及防御。

**改制诸葛连弩** 在魏、蜀两国的战争中，魏军在战场上捡到诸葛连弩，颇感惊奇。当时已经年老的马钧看到连弩后，认为这种兵器很好，说："巧是很巧了，但还有不到位的地方，

连弩

如再改进一下，威力还可增加五倍。"于是，他便将连弩进行了改进，果然效果甚佳，功效可提高五倍。

**人物** 蒲元，蜀汉国人。

**时期** 三国时期。

**工物** 据宋《太平御览》记载，蒲元在斜谷为诸葛亮造刀三千口。他造的刀，能劈开装满铁珠的竹筒，被誉为神刀。蒲元造刀的主要诀窍在于掌握了精湛的钢

蒲元造刀画

刀淬火技术，他能够辨别不同水质对淬火质量的影响，并且选择冷却速度快的蜀江水，把钢刀淬到合适的硬度。

据《蒲元别传》记载，孔明欲北伐，患粮运难致。元牒与孔明曰："元等推意作一木牛，兼摄两环，人行六尺，马行五步，人载一岁之粮也。"诸葛亮预北伐，蒲元为解决崎岖山路北伐大军的粮草供给，制造了木牛流马。

**人物** 崔亮，字敬儒，清河郡东武城（今河北省故城县）人。

**时期** 北魏时期。

**工物** 崔亮发明用一个水轮推动八个磨盘的"八磨"机，使粮食加工的工效提高八倍。据《魏书》记载，崔亮在雍州，读《杜预传》，见为八磨，嘉其有济时用，遂教民为碾。及为仆射，奏于张方桥东堰谷水造水碾磨数十区，其利十倍，国用便之。

**人物** 杜预，字元凯，京兆郡杜陵县（今陕西省西安市）人，政治家、军事家、学者和发明家。

**时期** 西晋时期。

**工事** 在黄河上搭建浮桥，是杜预首创。孟津黄河一带水深流急，杜预主持修建了孟津黄河上的第一座浮桥——富平津大桥。虽然黄河上的第一座浮桥早已毁于战火，但"杜预建桥"的典故流传了下来。

杜预

**工物** 《晋书·杜预传》载："周庙欹器，至汉东京犹在御座。汉末丧乱，不复存，形制遂绝。"史书上记载，中国西晋时期著名的政治家、军事家杜预曾经经过反复的设计、推敲，最终将欹器重新制造了出来，呈献给武帝，武帝看后，赞叹不已，对杜预大加赞赏。

**人物** 赵慨，字叔朋，又名万硕，九江郡番县（今江西省景德镇市浮梁县）人。

**时期** 东晋时期。

**工事** 赵慨运用掌握的越窑制瓷技艺，对景德镇的胎釉配制、成型和烧制等工艺进行了重

赵慨

大改进，当地陶人对他十分敬仰，纷纷拜他为师，称他为制陶师主，后世瓷工崇拜他，建庙供奉，被尊为景德镇瓷器师祖。据传东晋人赵慨得悉新平镇水土宜陶，便充官来镇，恰好陶窑发生故障，窑工们忙着祀神，赵慨发现土窑包通风不良，于是拔剑对准适当部位猛刺几下，解决了通风问题，烧制出的瓷器便一色纯青，因此后人便尊其为"佑陶神"。

**人物** 綦毋怀文，襄国沙河（今邢台沙河）人，我国著名冶金家，襄国宿铁刀的发明者。

**时期** 南北朝时期。

**工物** 灌钢法 綦毋怀文对制刀工艺进行了重大更新，他用灌钢法炼制的钢做成刀的刃部，而用含碳量低的熟铁做刀背，这样制成的刀具刃口锋利而不易折断，刚柔兼备、经久耐用。

**冷却介质** 在綦毋怀文之前，一般是用水作为淬火的冷却介质。虽然三国

灌钢法

时的制刀能手蒲元等人已经认识到,用不同的水作淬火的冷却介质,可以得到不同性能的刀,但仍没有突破水的范围。而綦毋怀文突破了传统工艺,在制作"宿铁刀"时,使用了动物尿和动物油脂作为冷却介质,是对钢铁淬火工艺的重大改进,扩大了淬火介质的范围。綦毋怀文还使用了双液淬火法,即先在冷却速度大的动物尿中淬火,然后再在冷却速度小的动物油脂中淬火,这样可以得到性能更好的钢。

【研学内容6】隋唐时期工匠

唐朝统一后,国内出现一个相对安定的环境,生产逐渐恢复,商业走向繁荣,刺激了手工业的发展。由于全国物产流通,南北手工技艺广泛交流,人民消费不断增长,民间手工业进入了一个新的发展阶段,呈现出三种不同形式的民间手工业局面:第一种是与农业相结合的小农家庭手工业;第二种是小手工业者独立经营作坊手工业;第三种是大手工业主和官僚、地主经营的大作坊手工业。

**人物** 李春,河北邢台临城人,造桥工匠师。

**时期** 隋代。

**工事** 赵州桥又称安济桥,坐落在河北省赵县的洨河上,横跨在37米多宽的河面上,因桥体全部用石料建成,当地称作"大石桥"。建于公元595年—605年,由著名工匠李春设计建造,距今已有1400多年,经历了八次以上地震和战争的考验,承受了无数次人畜车辆的重压,仍巍然屹立在洨河上。

李 春

### 工匠精神研学

**赵州桥的创新**　圆弧改变了中国大石桥多为半圆形拱的传统，李春和工匠们一起创造性地采用了圆弧拱形式，使石拱高度大大降低。赵州桥的主孔净跨度为37.02米，而拱高只有7.25米，拱高和跨度之比为1∶5左右，这样就实现了低桥面和大跨度的双重目的，桥面过渡平稳，车辆行人非常方便，而且还具有用料省、施工方便等优点。

**敞肩**　李春对拱肩进行的重大改进，把以往桥梁建筑中采用的实肩拱改为敞肩拱，即在大拱两端各设两个小拱，靠近大拱脚的小拱净跨为3.8米，另一拱的净跨为2.8米。这种大拱加小拱的敞肩拱具有优异的技术性能，第一可以增加泄洪能力，减轻洪水季节由于水量增加而产生的洪水对桥的冲击力。第二敞肩拱比实肩拱可节省大量土石材料，减轻桥身的自重。第三增加了造型的优美，四个小拱均衡对称，大拱与小拱构成一幅完整的图画，显得更加轻巧秀丽，体现建筑技术和艺术的完美统一。第四符合结构

赵州桥

力学理论，敞肩拱式结构在承载时使桥梁处于有利的状况，可减少主拱圈的变形，提高了桥梁的承载力和稳定性。

**单　孔**　中国古代的传统建筑方法，一般比较长的桥梁往往采用多孔形式，这样每孔的跨度小、坡度平缓，便于修建。但是多孔桥也有缺点，如桥墩多，既不利于舟船航行，也妨碍洪水宣泄；桥墩长期受水流冲击、侵蚀，天长日久容易塌毁。因此，李春在设计大桥的时候，采取了单孔长跨的形式，河心不立桥墩，使石拱跨径长达37米之多。这是中国桥梁史上的空前创举。

**人　物**　马待封，东海郡新县（今连云港市）人。

**时　期**　唐代。

**工　物**　**修补法驾**　马待封自幼学习木器制造工艺，勤奋钻研，做木工同时，掌握木器油漆、雕刻、烫画和绘画装饰，并琢磨出机械、风能、水能、齿轮、平衡等原理在木器上的应用，已成为享誉东海郡的能工巧匠。唐开元元年被征到长安为皇帝修法驾，唐玄宗荣登大宝，要修外出的法驾，大臣报告马待封懂得各种机关技艺，能完成这一任务。马待封不仅把法驾修得完美无缺，而且把宫中损坏多年、堆在库房的指南车、记里鼓、相风鸟等许多器械、仪器进行修理、改造，使它们比原来造型更加美观精巧、功能更加准确灵活，达到尽善尽美境界，令皇帝及满朝文武叹为观止。

马待封

## 工匠精神研学

**人物** 吴道子，又名道玄，阳翟（今河南省禹州市）人，著名画家，画史尊称画圣。

**时期** 唐代。

**工物** 吴道子在绘画艺术上之所以取得卓然超群的

吴道子《八十七神仙卷》（局部）

成就，是他善于从复杂的物体形态中吸收精髓，把凹凸面、阴阳面，归纳成为不可再减的"线"，结合物体内在的运动，构成线条的组织规律，如衣纹的高、侧、深、斜、卷、折、飘、举的姿势，完全基于线条的组织而描摹出物体的性格。这种线的要求是严格的，每一根线都符合造型传神的要求，每一根线都充满了韵律美，这是集前代之大成而又有所创造的线。

**人物** 杨惠之，唐苏州吴县（今江苏省苏州市）人，著名雕塑家、画家。

杨惠之塑的九尊泥塑罗汉

**时　期**　唐代。

**工　物**　杨惠之继承我国传统的"影塑"与"浮塑"技法，首创了"壁塑"的雕塑新形式，俗称"海山"，即在墙壁上塑出云水、岩岛、树石、佛像等。杨惠之的"壁塑"艺术对后世影响极大，成为我国传统雕塑艺术的一部分，为丰富中华民族的艺术宝库做出了重要贡献。

**人　物**　杜环，又称杜还，京兆（今陕西省西安市）人，旅行家。

**时　期**　唐代。

**工　物**　杜环以自己的旅行开创了中国历史上的多个第一，他是第一个有名可指、有史可查到达非洲的中国人；第一个将西亚、北非贯通游历并予记录成书的中国人。当时，滞留于西亚地区的唐朝士兵中有不少是身怀绝技的金银匠、画匠、绫绢织工、造纸匠等，他们将中国先进的科技成就，特别是造纸术带到当地。杜环在《经行记》一书中详细记述了"化腐朽为神奇"的造纸术；《经行记》是最早记载伊斯兰教义和中国工匠在大食传播生产技术的古籍，还记录了亚非若干国家的历史、地理、物产和风俗人情。

杜环

**人　物**　孙思邈，京兆华原（今陕西省铜川市耀州区）人，医药学家，被后人尊称为"药王"。

**时　期**　唐代。

**工　物**　孙思邈的医学巨著《千金方》是中国历史上第一部临床医学百

## 工匠精神研学

科全书，完整论述了从医者的医德，倡导建立妇科、儿科，他也是第一个麻风病专家，发明了手指比量取穴法，创造绘制了彩色《明堂三人图》。孙思邈发现了"阿是穴"，提出复方治病，多样化用药外

《千金方》

治牙病。他还总结出了用草药喂牛、用牛奶治病的方法，系统、全面、具体地提出了药物的种植、采集和收藏。孙思邈试验成功了野生药物变家种的种植方法，首创了地黄炮制和巴豆去毒炮制的方法，他首用胎盘粉治病，最早用动物肝治眼病，最早用构树皮煎汤煮粥食用，预防脚气病和脚气病的复发，首用羊甲状腺治疗甲状腺肿，还是历史上第一个发明导尿术的人。

**人物** 梁令瓒，蜀（今四川省）人。画家、算术家、制造家。

**时期** 唐代。

**工物** 公元721年，皇帝派一行和梁令瓒主持黄道游仪的制作，梁令瓒对前人研制的天文仪器，经过试验、比较，按自己的设想，绘制了图样，又用木料制成模型，于公元723年完成铜铁铸造。一行对梁令瓒的黄道游仪

梁令瓒（左）

很感兴趣，因为这对于推算日月运行大有帮助，特别是游动黄道能符合岁差，恰好弥补了李淳风四游仪的不足。他向玄宗报告说："黄道游仪，古有其术，而无其器。昔人潜思，皆未能得。今令瓒所为，日道月交，皆自然契合，于推步尤要，请更铸以钢铁。"唐玄宗立即批准了并派僧一行和梁令瓒主持。他们带领工匠，经过两年多的努力，于开元十一年铸成黄道游仪。这架天文仪器除了具有符合岁差的优点外，还能使赤道开合，观测者可以从黄道环上读出所需数据，既减少了运算层次，又增强了准确性。唐玄宗对黄道游仪非常嘉许，亲自撰写铭文，用金字书于仪轮之上，又命学士陆去泰将铸仪时间及工匠姓名，用银字书于仪盘下。

【研学内容7】宋辽金时期工匠

北宋兴起的景德镇，出产的瓷器质地细腻，色泽莹润，后来发展为著名的瓷都，定窑、钧窑、哥窑等久负盛名。南宋时期丝织业胜过北方，江浙一带和四川丝织业生产发达。这一时期，我国是世界上造船水平最先进的国家。

**人物** 王惟一，又名王惟德，医学家。

**时期** 北宋。

**工物** 王惟一对针灸学很有研究，他集宋以前针灸学之大成，著有《铜人腧穴针灸图经》一书。他奉旨铸造针灸铜人两座，为针灸学做出重要贡献。

**考订《明堂针灸图》** 考订

王惟一

经穴，使之丰富完备。王惟一在撰写《铜人腧穴针灸图经》时，"纂集旧闻，订正讹谬"，对经穴理论作了不少校勘考证工作，例如阐述手太阳经主病，他根据《脉经》卷六有"卒贵失（矢）无度"的记载，在《内经》原文的基础上予以补充，根据肺与大肠相表里的理论，"卒遗失无度"是完全可能的，加此一症，更合中医理论原貌。他在《图经》中收载腧穴 657 个，与《甲乙经》相比，增加了"青灵""厥阴俞""膏肓俞"3 个双穴，督脉的"灵台""阳关"2 个单穴。他还考证了穴位的作用，与《外台秘要》《太平圣惠方》等一些较早的文献相比，增添了不少内容，如上星穴，增添了对"痰疟振寒、热病汗不出、目睛痛、不能远视"等病证的主治作用；承山穴，增加了治疗"腰背痛、霍乱、转筋、大便难、久痔肿痛"等病证的作用；风府穴，增加了治疗"头痛鼻衄"的作用；委中穴，增加了治疗"热病汗不出、足热厥逆满、膝不得屈伸"等病证的作用。进一步完善了经穴理论，又扩大了穴位的主治作用，提高了腧穴的实用性。

**铸造针灸铜人模型** 王惟一铸造的针灸铜人模型又称"天圣铜人"，是用精铜铸造而成的，在脏腑的布局、经络的循行、穴位的精确等方面，工艺精巧，体型与正常成年男子相同，不仅科学性强，而且工艺水平相当高。外壳由前后两件构成，内置脏腑，表面刻有人体手三阳、足三阳、手三阴、足三阴和任脉、督脉等 14 条经脉和 657 个腧穴。穴孔

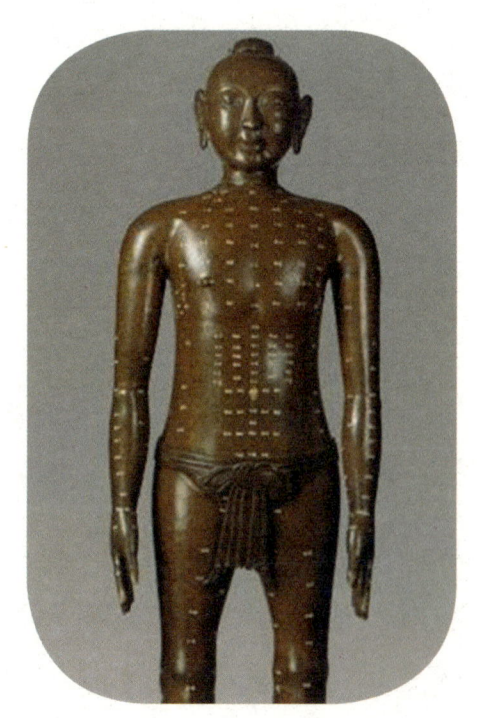

针灸铜人

与身体内部相通，可供教学和考核用。考核时，用蜡涂在铜人外表，体腔内注入水或水银。当被考核者取穴进针时，如选择部位准确，一进针水或水银便会流出。若针得不对，就刺不进去。这种精密直观的教学模型是实物形象教学法的重大发明，对针灸学的发展有着深远的影响。

**刻《图经》于石** 统一经穴，使之规范化。北宋以前的经穴，存在着图谱粗糙难辨，文字叙述比较含混，以及众说纷纭、莫衷一是的状况。因此，王惟一十分重视经穴的规范化，他编写《铜人腧穴针灸图经》，并列于碑石，成为我国较早的针灸图谱。

北宋"新铸铜人腧穴针灸图经"残石

**人物** 毕昇，淮南路蕲州蕲水县（今湖北省黄冈市英山县）人，发明了活字印刷术。

**时期** 北宋。

**工物** 在毕昇发明活字印刷术之前，只有摹印、拓印和雕版印刷，既笨重费力又耗料耗时，不仅存放不便，有错字又不易更正。毕昇发明的活

## 工匠精神研学

字印刷方法既简单灵活，又方便轻巧。其制作程序为：先用胶泥做成一个个规格统一的单字，用火烧硬，使其成为胶泥活字，然后把它们分类放在木格里，一般常用字备用几个至几十个，以备排版之需。排版时，用一块带框的铁板做底托，上面敷一层用松脂、蜡、纸灰混合制成的药剂，然后把需要的胶泥活字一个个从备用的木格里拣出来，排进框内，排满就成为一版，再用火烤。等药剂稍熔化，用一块平板把字面压平，待药剂冷却凝固后，就成为版型。印刷时，只要在版型上刷上墨，敷上纸，加上一定压力，就行了。印完后，再用火把药剂烤化，轻轻一抖，胶泥活字便从铁板上脱落下来，下次又可以再用。

活字印刷术

**人物** 沈括，字存中，号梦溪丈人，杭州钱塘县（今浙江省杭州市）人，北宋官员、科学家。

**时期** 北宋。

**工物** 沈括一生致力于科学研究，在众多学科领域都有很深的造诣和卓越的成就，被誉为"中国整部科学史中最卓越的人物"。

**数　学**　沈括运用类比、归纳的方法，以体积公式为基础，把求解不连续个体的累积数，化为连续整体数值来求解，具有了用连续模型解决离散问题的思想。沈括利用弦、矢求出了弧长的近似值，为球面三角学的发展作出了重要贡献。

沈括

**物　理**　沈括记录了人工磁化的方法，并用人工磁化针来做试验，对指南针进行深入研究，他比较了指南针的四种装置方法：水浮法、碗沿法、指甲法和悬丝法，指出悬丝法最优，并做了相应的分析。磁偏角指地球表面任一点的地磁子午线与地理子午线的夹角，即磁针静止时，所指的北方与真正北方的夹角。沈括在世界上最早经实验证明了磁针"能指南，然常微偏东"，即地磁的南北极与地理的南北极并不完全重合，存在磁偏角。

沈括通过观察实验，对小孔成像、凹面镜成像等原理作了准确而生动的描述，他用"碍"（焦点）的概念，指出了光的直线传播、凹面镜成像的规律，并把光通过"碍"成像称之为格术，即现代光学中的等角空间变换关系。

沈括通过对声学现象的观察，注意到音调的高低由振动频率决定，并记录下了声音的共鸣现象。他还用纸人来放大琴弦上的共振，形象地说明了应弦共振现象。

**化　学　胆水炼铜法**　据沈括《梦溪笔谈》记载，信州铅山县有苦泉（硫酸铜溶液），流而成涧。舀取泉水煎熬，就能得到胆矾（硫酸铜），熬制

## 工匠精神研学

胆矾就能生成铜，熬胆矾的铁锅，日子久了也会变成铜。沈括的这段记录，即湿法炼铜，利用化学置换反应的方式提炼金属。

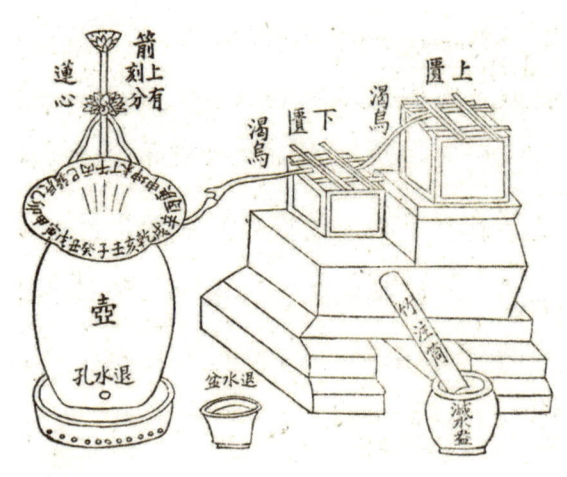

湿法炼铜示意图

**石油制墨法**　世界上最早记载有关石油的文字，见于东汉史学家班固所著的《汉书》。历史上，石油曾被称为石漆、膏油、肥、石脂、脂水、可燃水等，直到北宋，沈括才在世界上第一次提出了"石油"这一科学的命名。据沈括记载，鄜州、延州境内产石油，当地人常采集到瓦罐里，用于照明。这种油形似纯漆，燃起来像烧麻秆，并冒着很浓的烟，能把帐篷都熏黑。沈括将其命名为"石油"，并以石油炭黑制墨，光泽、亮度方面都很理想，于是就大量制造，并命名为"延川石液"，苏轼用后评价"在松烟之上"。

**人物**　张择端，字正道，琅琊东武（今山东省诸城市）人，绘画大师。

**时期**　北宋。

**工物**　张择端所画《清明上河图》，流传已有800多年的历史。其主题是北宋都城东京市民的生活状况和汴河上店铺林立、市民熙来攘往的热闹场面，描绘了运载东南粮米财货的漕船通过汴河桥涵紧张繁忙的景象。作品气势恢宏，长528.7厘米、宽24.8厘米。画有587个不同身份的人物，个个形神兼备，并画有13种动物、9种植物，其态无不惟妙惟肖。这件现实主义的杰作，是研究北宋东京城市经济及社会生活的宝贵历史资料。

《清明上河图》（局部）

**人　物**　李诫，字明仲，郑州管州（今河南省郑州新郑市）人，著名建筑学家。

**时　期**　北宋。

**工　物**　编写了中国第一本详细论述建筑工程做法的著作《营造法式》。

《营造法式》的编修来源于古代匠师的实践，是历代工匠相传，经久通行的做法，所以该书反映了当时中国土木建筑工程技术所达到的水平。它的编修上承隋唐，下启明清，对研究中国古代土木建筑工程和科学技术的发展，具有重要意义。《营造法式》按内容可以分作名例（一卷、二卷）、制度（三卷到一五卷）、功限（一六卷到二五卷）、料例（二六卷到二八卷）、图样（二九卷到三四卷）五个部分。其中，《营造法式》用很大的篇

故宫博物院中的《营造法式》

## 工匠精神研学

幅（十三卷）列举了各种工程的制度，包括壕寨、石作、大木作、小木作、雕作、旋作、锯作、竹作、瓦作、泥作、彩画作、砖作、窑作共13种176项工程的尺度标准以及基本操作要领，类似现代的建筑工程标准做法。这一部分反映了中国古代建筑工人的突出才能和中国古代建筑的高超技艺。纵观全书，纲目清晰，条理井然。

**人　物**　沈子蕃，吴郡（今江苏省苏州市）人，缂丝名匠。

**时　期**　南宋。

**工　物**　北宋时期，缂丝在继承唐代的基础上臻于完善，徽宗宣和年间达到了鼎盛，山水、花鸟、人物等题材作品均达到高超水平。缂丝是先在缂丝机上安装好经线，经线很细，下面衬上作品原件，织工透过经线，用毛笔将原作图案描绘在经线面上，然后再用装有彩色丝线（即纬线）的若干小梭，依照描绘的图案分块缂织。两宋间著名缂丝艺术家沈子蕃，一生完成有几十件缂丝艺术品。作品设色高雅古朴、生动传神，令人叹为观止。今收藏于北京故宫博物院的《秋山诗意立轴》《梅花寒鹊图》《青碧山水图》及台北故宫博物院的《桃花双鸟图》等均为他的佳作。其中《梅花寒鹊图》画面清丽典雅，深得乾隆帝喜爱，而今是故宫镇宫之宝。

《梅花寒鹊图》

**人 物** 黄道婆，又名黄婆、黄母，松江府乌泥泾（今上海市）人，纺织家、发明家。

**时 期** 宋末元初。

**工 物** 黄道婆对促进长江流域棉纺织业和棉花种植业的迅速发展起了重要作用，后人誉之为"衣被天下"的"女纺织技术家"。

**传授纺织技艺** 黄道婆推广了轧棉的搅车技术，解决了去除棉籽的难题，她将自己几十年丰富的纺织经验，"擀、弹、纺、织""错纱配色、综线挈花"等织造技术传授给身边的人，促进了长江地区纺织业的崛起。

**革新棉纺织工具** 在纺纱工具上黄道婆革新了新式纺车。当时淞江一带使用的都是旧式单锭手摇纺车，功效很低，要三四个人纺纱才能供上一架织布机的需要。黄道婆大胆改革、在实践中探索，经过反复试验，把用于纺麻的脚踏纺车改成三锭棉纺车，使纺纱效率一下子提高了两三倍，而且操作也很省力，在淞江一带很快地推广开来。

**推广棉花种植** 由于黄道婆引进先进的棉纺织技术后，扩大了松江府以及整个长三角地区的棉花种植面积，一跃成为棉花种植基地、棉布纺织中心，极大地促进了上海松江地区棉纺织业的发展。

**【研学内容8】元明清时期工匠**

明清时期被视为中国历史上最负盛名的金银器时代，创新技能和制造工艺达到顶峰。"工匠来八方，器成天下走"，各种商品不仅远销国内边远市镇，而且大量出口，体现了明清时代工匠的匠心独运。

**人 物** 郭守敬，字若思，邢州邢台县（今河北省邢台市）人，天文学家、数学家、水利工程专家。

**时 期** 元代。

## 工匠精神研学

**工 物** 郭守敬提出"历之本在于测验，而测验之器莫先仪表"的正确主张，创制了简仪和高表等近二十件天文观测仪器，主持了全国范围的天文测量。

郭守敬为完成《授时历》，创制了十二件天文台上用的仪器，四件可携至野外观测用的仪器，其名载于齐履谦所撰《知太史院事郭公行状》中，分别为简仪、高表、候极仪、浑天象、玲珑仪、仰仪、立运仪、证理仪、景符、窥几、日月食仪以及星晷定时仪十二种。四件可携式仪器，齐履谦也在《知太史院事郭公行状》全部罗列，分别为正方案、丸表、悬正仪、座正仪。有九件在《元史·天文志》有较详细记载：简仪、候极仪、立运仪、浑象、仰仪、高表、景符、窥几和正方案。其中仅正方案被称为可携式仪器。其中主要的是简仪、赤道经纬和日晷三种仪器结合利用，用来观察天空中的日、

郭守敬

月、星宿的运动，改进后的仪器不受仪器上圆环阴影的影响。高表与景符是一组测量日影的仪器，是郭守敬的创新，把过去的八尺改为四丈高表，表上架设横梁，石圭上放置景符透影和景符上的日影重合时，即当地日中时刻，用这种仪器测得的是日心之影，较前测得的日边之影更加精密，这是时刻仪器上一个很大的改进。

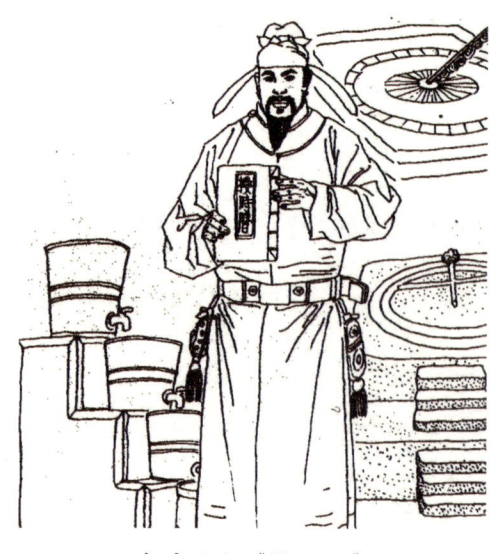

郭守敬与《授时历》

郭守敬还制造计时器或与计时器有关的仪器，即宝山漏、大明殿灯漏、灵台水运浑天漏、柜香漏、屏风香漏、行漏。

**人物** 王祯，字伯善，东平（今山东省东平县）人，农学家、机械发明家。

**时期** 元代。

**工物** 《王祯农书》中的"农器图谱"在古农书中是一项创举。它所收集的 105 种农具都采用图文并重的形式，对它们的发展历史、形制和操作方法都作了详细介绍，对促进农业生产的发展起到了重要作用。

《王祯农书》

**新创制的耕耘器具** 犁刀，是开荒时走在犁的前面，用以割除芦苇，清除障碍，提高工效的工具。铁搭，适应南方水田土壤的耕垦工具，一般具有六齿或四齿。秧马，能行于泥中，便于水田作业的工具。耘荡，适于水田中耕除草的耕耘工具。耘爪，用竹管加上铁尖套在手指上，用以耘田的工具。耧锄，华北平原用于畜力耕耘的器具，一天可耘田 20 亩，工效很高。镫锄，用于中耕除草的工具，由于它没有两刃角，在锄草时不易伤禾苗。粪耧，在耧车上附加施种肥的装置，用以施种肥。瓠种，在瓠上安木柄，瓠下安木嘴，用于垄畔播种的工具。砘车，在耧车后边配上石制砘车，能沿耧脚所开的沟进行镇压，能使种土相亲，有利于发芽出苗。

**新创制的收获农具** 推镰，这种用木做成横架及长柄，并安上小轮进行收割的农具，比一般的镰刀可提高工效好几倍。麦绰，是将长镰形的麦钐装置在一个簸箕形的麦绰上面，在木柄和轴上系以绳索，一手执绳、一手执轴，收割麦子既整齐又快。在麦绰的后面带着 4 个小轮的麦笼及拖杷。

使用这种收割器,一天的收割量比用其他工具多几倍,并且很适合在较大的地块上工作。其他如收割水稻的䥽,割麦穗的捃刀,割谷穗的銍刀等,对提高收割工效也起了重要作用。

**新创制的灌溉机具** 在《王祯农书》"农器图谱"中,可以看到7种新创制的灌溉机械。翻车是往高处提水的工具。水转翻车,其制与人踏翻车相同。于流水岸边掘一狭堑,置车于内,车之踏轴外端做一竖轮,竖轮之旁架木立轴,置二卧轮,其上轮适于车头竖轮辐支相间,乃擗水傍激,下轮即转,则上轮随拨车头竖轮,而翻车随转,倒水上岸,这是水力翻车。牛转翻车,在无流水处用之。下轮置于车旁岸上,用牛拽转轮轴,则翻车随转。这种翻车的工效大于人力翻车一倍。驴转筒车,就是水转筒车,但于转轴外端别造竖轮,竖轮之侧,岸上复置卧轮,与前牛转翻车之制无异。这种水车适于在"临坎井"或"积水渊潭"处使用。高转筒车,其高以10丈为准,如田高岸深,或田在山上,皆可及之。水转高车,遇有流水岸侧,欲用高水,可用此车,其车亦高转筒车之制,但于下轮轴端别做竖轮,傍用卧轮拨之。刮车,是上水轮,其轮高可5尺,辐头阔止6寸,如水陂下田,可用此具。

**新创制的农产加工机械** 《王祯农书》"农器图谱"中记载的连二水磨、水转连磨、水击面罗、水轮三事等,都是元代新创制的高效率的农产加工机械。如水转连磨"或作碓碾,日得谷食,可给千家"。水轮三事,用一台机械可以发挥磨、砻、碾的作用。

**转轮排字法** 转轮排字法是王祯的另一发明,他发现木活字在拣字过程中,几

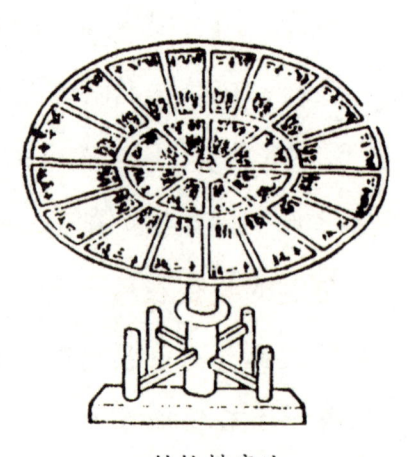

转轮排字法

万个木活字一字排开，人们穿梭来往很不方便，于是他就设计制造了转轮排字盘，从而为提高拣字效率和减轻劳动强度创造了条件。

**人物** 蒯祥，吴县鱼帆村（今江苏省苏州市）人，建筑匠师，世袭工匠之职。

**时期** 明代。

**工事** 蒯祥不论在用料、施工等方面都精心筹划，营造的榫卯骨架都结合得十分准确、牢固。蒯祥还将江南的建筑艺术巧妙地运用上去，他采用苏州彩画，琉璃金砖，使殿堂楼阁显得富丽堂皇。蒯祥不仅木工技术纯熟，还有很高的艺术天赋和审美意识。据记载，蒯祥能以双手握笔同时画龙，合二为一，一模一样，技艺可谓是炉火纯青。在当时营建宫殿楼阁之时，他只需略加计算，便能画出设计图来，待施工完毕后，建筑与设计图样大小尺寸分毫不差。1420年，承天门（即天安门）建筑完工后，他受到众口一词的赞扬，被称为"蒯鲁班"。负责建造的主要工程有北京皇宫（1417年）、皇宫前三殿、长陵（1413年）、献陵（1425年）、裕陵（1464年），北京西苑（今北海、中海、南海）殿宇（1460年）、隆福寺（1452年）等。

**人物** 宋应星，字长庚，江西南昌府奉新县（今江西省奉新县）人，著名科学家。

**时期** 明代。

**工物** 宋应星撰写的《天工开物》，收集了丰富的科学资料，对农业和手工业生产进行了科学考察和研究。宋应星的主要贡献表现在他把中国几千年来出现过的农业生产和手工业生产方面的成就，进行了系统化、条理化的科学总结和概括。

**手工业** 在《天工开物》中，对手工业收录了机械、砖瓦、陶瓷、硫黄、

## 工匠精神研学

烛、纸、兵器、火药、纺织、染色、制盐、采煤、榨油等生产技术,他运用定量的方法,在叙述生产过程时,特别注意原料消耗、成品回收率等方面的数量关系,有着明确的量的观念。

宋应星

**农业** 在农业方面对水稻浸种、育种、插秧、耘草等生产全过程作了详尽的记载,"包及数日,㵵其生芽,撒于田中,生出寸许,其名曰秧。秧生三十日即拔起分栽……秧过期,老而长节,即栽于亩中,生谷数粒,结果而已",他还指出了水稻种植中值得注意的各种问题,当分析秧苗移栽时指出"凡秧田一亩所生秧,供移栽二十五亩",即秧田与本田的比例为1∶25。宋应星对各种油料的出油率作了准确的说明"凡胡麻与蓖麻子、樟树子,每石得油四十斤;莱菔子每石得油二十七斤;芸苔子每石得三十斤……"。对油料作物这种具体而准确的数据说明,既有理论意义,又有实用价值。他在谈到土坡、气候、栽培方法对农作物品种变化的影响时说,"凡稻旬日失水,则死期至,幻出早稻一种,粳而不粘者,即高山可插,又一异也"。

**机械** 《机械》篇详细记述了包括立轴式风车、糖车、牛转绳轮汲卤等农业机械工具,具有极高的科学价值。

**冶炼** 宋应星科学地论述锌和铜锌合金,他明确指出,锌是一种新金属,并且首次记载了它的冶炼方法,这是我国古代金属冶炼史上的重要成就之一。

**生物** 在《天工开物》中记录了不同品种蚕蛾杂交引起变异的情况,

说明通过人为的努力，可以改变动植物的品种特性，得出了"土脉历时代而异，种性随水土而分"的科学见解。生命运动以极其纷繁的形式呈现在人类面前，众多物种是怎样产生的曾长期困扰着人们的思绪。宋应星在这个问题的认识上向科学迈出了一大步。在述及蚕种的培育时指出"若将白雄配黄雌，则其嗣变成褐茧""今寒家有将早雄配晚雌者，幻出嘉种，一异也"。在这里，宋应星提出了物种变异的重要科学思想。

《天工开物》插图

**物 理** 在物理学方面，《论气·气声》篇是论述声学的杰出篇章。宋应星通过对各种声音的具体分析，研究了声音的发生和传播规律，并提出了声是气传播的概念。

**化 学** 在化学方面，宋应星分析了金、银、铜、锡、铅和锌等多种有色金属的化学性质，比较它们的活泼程度，提出了利用它们之间的差异分离或检验有关金属的方法。在论及分离金银时他指出："凡足色金参和伪售者，唯银可入，余物无望焉。欲去银存金，则将其金打成薄片剪碎，每块以土泥裹涂，入坩埚中硼砂熔化，其银即吸入土内，让金流出，以成足色。然后入铅少许，另入坩埚内，勾出土内银，亦毫厘具在也。"在谈到水银和硫黄炼朱时指出，"每升水银一斤，得朱十四两，次朱三两五钱"，这增多部分是"借硫质而生"。对这些金属和化合物分离和化合方法的分析，说明宋应星对大量的化学反应已十分关注。认识到化学反应中各种物质成分相互作用的关系,以及化学反应前后各种物质成分之间的关系,具有"质量守恒"的思想。

宋应星的著述可分为以下四大类:一是,属于自然科学和技术科学方面的有《天工开物》《观象》《乐律》等。二是,属于人文科学方面的有《野议》《画音归正》《杂色文》《春秋戎狄解》等。三是,介于上述两大领域之间的有《原耗》《危言十种》等。四是,属于文学创作的有《思怜诗》《美利笺》等。

**人物** 王叔远,一名毅,又名叔明,号初平山人,江苏常熟人,著名微雕家。

**时期** 明代。

**工物** 王叔远曾到过浙江宁波,并创作了"微型木雕天封塔"。他最著名的微雕艺术作品是"明代桃核舟",这枚桃核舟

明代桃核舟

船篷一侧,有一明显为"明"字的标志,是王叔远的简称,其题款的方位与明朝著名学者魏学洢《核舟记》中记载的"其船背稍夷,则题名其上"情况完全一致。同时,此枚桃核舟首尾长2.9厘米、高2厘米,共刻有5个各具神态的人物,精妙的小窗有轴,可灵活开关,与《核舟记》描述相吻合,此核舟应为王叔远晚年力作。

**人物** "样式雷",是对清代200多年间主持皇家建筑设计的雷姓世家的誉称。中国清代宫廷建筑匠师家族:雷发达、雷金玉、雷家玺、雷家玮、

雷家瑞、雷思起、雷廷昌等。

时 期 清代。

工 事 雷氏家族主持修建了众多的清代宫廷建筑，爱新觉罗皇宫及王亲贵族的府邸无一不精妙绝伦，巧夺天工。清代皇宫严格遵循中正有序的设计理念，甚至每个角楼、庙堂、寝宫、书院的设置都极为精妙，这些都来自工匠们的心血智慧，一丝不苟的工匠精神。"样式雷"的作品非常多，包括故宫、北海、中海、南海、圆明园、万春园、畅春园、颐和园、景山、天坛、清东陵、清西陵等。这其中有宫殿、园林、坛庙、陵寝，也有京城大量的衙署、王府、私宅以及御道、河堤，还有彩画、瓷砖、珐琅、景泰蓝等。此外，还有承德避暑山庄、杭州的行宫等著名皇家建筑。总之，占据了中国五分之一世界遗产的建筑设计，都出自雷家人之手。

"样式雷"世家最为重要的贡献不仅表现在其设计成果的最后现实化，而更主要地体现在其设计过程本身——图样的绘制、模型的制作方面。大规模的群体建筑，必然需要一种多人能够识别遵循的整体设计图甚至构造模型，以表达用语言文字难以表述的情况。

故宫太和殿

# 工匠精神研学

**人　物**　明安图，字静庵，杰出数学家、天文历法学家和测绘学家。

**时　期**　清代。

**工　物**　明安图著有《割圆密率捷法》四卷，他创立"割圆术"用连比例法证明了圆径求周、孤背求正弦、弦背求正矢三条公式，创造了"弧背求通弦""通弦求弧背""正矢求弧背"等一系列的新公式。

**工　事**　明安图在参与编写《律历渊源》巨著的工作中，提供了许多新的试验资料和新的数据。例如黄道与赤道交角，在《崇祯历书》中，采用天文学家第谷的23°31′30″角度，在编写《律历渊源》这部书时，明安图通过实地观测校正和提供了新的黄道与赤道交角23°29′30″。在编写采集数据中，明安图做了大量的观测和试验，为这部巨著提供了许多科学的新数据。在编写《律历渊源》的《历象考成》一书时，采用了立杆日影的方法对夏至、冬至、春分和秋分太阳高度进行测量，为保证图书的科学性，明安图对天象进行了各种实地观测，在11年的编书过程中，他从一个钦天监毕业的年轻人逐步成长为一个科学巨匠。

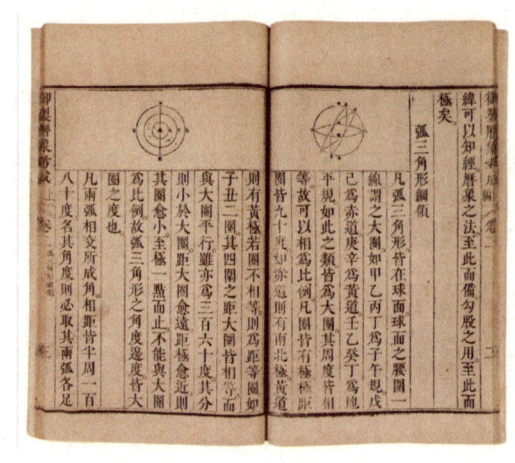

《律历渊源》

**编写《仪象考成》**　据《清史稿》记载："近年来，累加测验，星官度数，《仪象志》尚多未合；又星之次第多不顺序，亦宜厘正，于是逐星测量，推其度，观其形象，序其次第，着之于图。"所以要编写此书，以便纠正前书的错误和补充新的内容。编写《仪象考成》一书的实地测量工作是空前的，明安图投入了很大精力，详加测算，着之于图。他的渊博知识和丰富经验，为实地测量、计算和编绘工作做出了重要贡献。

**绘制地图** 清政府从 1708 年开始至 1716 年，进行了一次全国性大规模的地貌测量和地图绘制工作。其后，明安图在乾隆时期，前后两次前往新疆测量当地的地貌和绘制地图。1755 年明安图第一次新疆之行，前往疆西北部勘测地貌和绘制地图，他是仅次于何国宗的一名重要科学技术官员。这次测绘填补了《后舆全图》缺载的新疆部分；测出新疆地方二十四节太阳出没的时刻，为编制《时宪书》提供资料。在实际测绘中完成了各地点的经度和纬度、方位和距离、昼夜长短和二十四节气的日出日没时刻的勘察工作和采集了当地的风土地貌。

1759 年，明安图为首率队对新疆天山南麓进行全面勘察，测绘点的分布非常广泛，从哈喇沙尔以西开始，沿着塔克拉玛干大沙漠西北、西、西南部边缘有人烟的地带，经库车、阿克苏、喀什以达和阗，又折而西向，测绘了当时属我国、今属俄罗斯的一些地点。在这次测量之中，广泛地应用了"三角法"的近代测量方法。通过这次测量补全了过去未测完的地方，填充了《皇舆全图》的空白；为编制《时宪书》准备了实验资料和新的数据，将其所测量的 26 个经纬点，写入了《时宪书》中；通过实际勘测，改正了过去由传闻产生的错误，使地形、地名以及各地的二十四节气更加与实际相切合。勘测队 1760 年回到了北京。

## 工匠精神研学

**【研学小结】**

小学阶段：说出1—2个古代工匠的名字。

初中阶段：说出1—2个古代工匠的贡献。

高中阶段：说出1—2个古代工匠的代表工物。

**【小结形式】**

小学阶段：提示完成。

初中阶段：交流完成。

高中阶段：讨论完成。

**【研学考评】**

导师考评：侧重现场活动。

基地考评：侧重组织纪律。

学校考评：侧重参与意识。

学生互评：侧重团队意识。

**【考评档次】**

合格：按要求参与研学活动，遵守纪律、服从安排。

良好：按要求参与研学活动，遵守纪律、服从安排，参与意识较强。

优秀：按要求参与研学活动，遵守纪律、服从安排，参与意识和团队意识较强。

中小学生中国精神研学系列读本　近代工匠课

# 近代工匠课

## 班级组织　现场讲解

【研学类型】知情类。

【教学提示】有效组织，现场讲解，即时考评。

【研学要求】列队，集中听讲、提问，注意安全，遵守纪律。

【研学作业】领悟工匠精神，观察模型，描述模型，制作模型。

## 工匠精神研学

### 【研学内容1】概述

从1840年鸦片战争开始,中国进入近代社会。从那时起,中华民族就陷入了被世界列强瓜分的百年屈辱时期,经济社会沦为半殖民地半封建的制度,国家的经济命脉掌控在帝国主义手中,生产力十分低下,科学技术基本停滞,但在广大劳动人民和有识之士中,仍然出现了一批具有代表性的工匠。

### 【研学内容2】军工、造船

**人物** 龚振麟,江苏长洲(今江苏吴县)人,舰船、火炮研制专家。

**时期** 近代。

**工物** 龚振麟于1841年首创铁模铸炮法,并著有《铸炮铁模图说》,详细叙述了铁模铸炮的工艺过程和技术措施:一是按铁炮大小,分4—7节,做出泥炮模型;二是按泥炮节数分制铁模泥型,每节泥型分

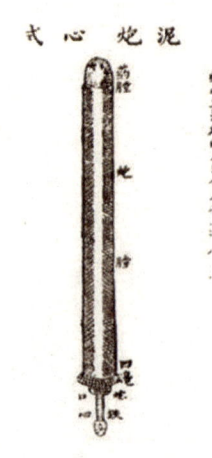

铁模铸炮法所使用的铁制模具(左)泥制炮芯(右)

成两瓣并旋制内面,使表面光洁,形状规整,放入预制的把手,浇注时和铁模铸成一体,然后烘干备用;三是用泥型翻铸铁模时,先将炮口那一节倒置在泥制平板上,用泥充填其中一瓣,烘干后盖上泥制平板,将型箍紧,浇注后便得到第一节铁模的一瓣,然后除去填泥;四是用铁模铸造铁炮时,先在模的内表面刷上用细稻壳灰与细沙泥加水和成的涂料,再涂刷极细煤粉调制的第二层涂料,然后箍紧铁模,烘热、装配泥芯,浇入铁水。待凝固后,立即脱去铁模,趁炮身还是红热时,清除毛刺,除净泥芯,得到成品。

**人 物** 徐寿，字生元，号雪村，江苏无锡人，著名科学家，化学家，造船工业的先驱。

**时 期** 近代。

**工 物** 徐寿的家乡无锡是著名的鱼米之乡，也是远近闻名的手工业之乡，那里有许多能工巧匠，他从小就爱好工艺制作，"少好攻金之事，手制器械甚多"。徐寿认为工艺制造是以科学知识为基础的，而科学的原理又借工艺制造体现出来，所以他总是"究察物理，推考格致"。

徐寿

徐寿的科学修养大为提高，他制作工艺器械水平日趋提高。

**钻研器械** 徐寿青年时代，没有经过系统的科学教育，也没有在科学研究机构工作的经历，他说，"格致之理纤且微，非借制器不克显其用"。徐寿以坚韧不拔的毅力坚持自学，掌握了大量的近代科学知识，他执着坚持，用专心和耐心攀登科学的殿堂。徐寿十分注重总结自己的学习方法，注意理论与实践相结合。1853年，他专门到上海英国伦敦教会传教士创办的墨海书馆，结识了当时在西学和数学上已颇有名气的李善兰。他从上海购买了书籍和有关物理实验的仪器，进行了一系列的物理实验。为了攻读光学，买不到三棱玻璃，他就把自己的水晶图章磨成三角形，用来观察光的七彩色谱，结合实验攻读物理，较快地掌握了近代的许多物理知识。

**探究化学** 1856年，徐寿再次到上海，读到了墨海书馆刚出版的、英国医生合信编著的《博物新编》的中译本，这本书的第一集介绍了诸如氧气、

## 工匠精神研学

氮气和其他一些化学物质的近代化学知识，还介绍了一些化学实验。这些知识和实验引起了他的极大兴趣，他依照学习物理的方法，购买了一些实验器具和药品。根据书中记载，边实验边读书，加深了对化学知识的理解，同时还提高了化学实验的技巧。徐寿甚至独自设计了一些实验，表现出他的创造能力。坚持不懈地自学，实验与理论相结合的学习方法，终于使他成为远近闻名的掌握近代科学知识的学者。

**翻译编撰** 为了组织好译书工作，1868 年，徐寿在江南机器制造总局内专门设立了翻译馆，招聘了一批西方学者，召集了大量懂西学的人才。专门翻译西方化学、蒸汽机方面的书籍。徐寿与

徐寿在翻译馆（右一）

他人合作翻译了《化学鉴原》等书籍，系统地介绍了 19 世纪七八十年代化学知识的主要内容。他发明了音译的命名方法，命名了一套化学元素的中文名称。例如对固体金属元素的命名，一律用"金"字旁，再配一个与该元素第一音节近似的汉字，创造了"锌""锰""镁"等元素的中文名称。

**工 事 近代造船** 1862 年 3 月，徐寿进入安庆内军械所。当时外国轮船在中国的内河横冲直撞，徐寿十分愤慨，决心为中国制造蒸汽机。但是，一无图纸，二无资料，仅仅从《博物新编》这本书上看到一张蒸汽机的略图，又到停泊在安庆长江边的一艘外国小轮船上观察一天，经过反复研究，精心设计，同他人花了 3 个月的时间，终于在 1862 年 7 月制成中国第一台蒸汽机，这是中国近代工业的开端。蒸汽机试制成功后，他们又着手试制蒸

汽船。1863年，徐寿、华蘅芳以及徐建寅，一起在安庆内军械所开始试制蒸汽动力舰船的工作。1864年，安庆内军械所迁到南京，他们继续从事制

"黄鹄"号模型

造研究工作。1866年4月，在徐寿、华蘅芳主持下，南京金陵机器制造局制造出中国海军的第一艘蒸汽动力船"黄鹄"号。以后在上海江南制造总局（今江南造船厂前身），徐寿、徐建寅父子和华蘅芳等又设计制造了"惠吉""操江""测海""澄庆""驭远"等舰船，开创了中国近代造船工业的新局面。

**人 物** 华蘅芳，字若汀，江苏无锡县荡口镇（今江苏省无锡市锡山区鹅湖镇）人，数学家、科学家、翻译家和教育家。

**时 期** 近代。

**工 物** 钻研机械 1862年，他和徐寿等人在安庆内军械所试制轮船，以《博物新编》中的图文等为主要参考资料，华蘅芳负责"推求动理，测算汽机"，徐寿负责"造器置机，制造小样"。他们在没有资料、没有模型、没有经验的条件下，经过3个月的努力，终于制成一台缸径4.3厘米、每分钟240转

华蘅芳

## 工匠精神研学

的小蒸汽机。1863年制出螺旋桨推进的轮船,1865年3月在南京试制成木质明轮轮船"黄鹄"号。

江南制造局的龙华火药厂,为配制火药每年需花费大量白银进口"镪水"。在华蘅芳的主持下经过多次试验,研制成了合格的产品,成本仅为进口价的三分之一。在天津武备学堂时,由德国购回一台新式试弹速率机,但不知如何使用,华蘅芳运用自己的数理知识分析它的原理,帮助相关人员掌握了它的使用方法。天津武备学堂准备仿制一种中法战争时所用的行军瞭望气球,以供学员演试,德国教习不相信中国人能演试和仿制,华蘅芳对外国人的讥笑非常气愤,亲自主持试制,终于在1887年仿制成了直径5尺的氢气球并试飞成功。

**人物** 徐建寅,字仲虎,江苏无锡人,化学启蒙者和造船工业先驱。

**时期** 近代。

**工物 真学不盲学** 徐建寅生活的时代,正是帝国主义加剧侵略中国、清政府日益腐败的时期,"师夷长技以制夷"和"富国强兵"的思想主张,也逐渐为徐建寅所接受,在学习西方科学技术的同时形成了他不卑不亢的爱国主义思想,不盲目崇拜

徐建寅

西方的"文明"。1879年他去西方国家进行考察时,本着"取其所长,为我所用"的目的。他在考察法国一家染丝厂时,看到这个厂的机器设备齐全而精致,生产工人很多,工艺也比较复杂,"但染成之丝,皆脆而易断,且不能成艳色"。相形之下,他认为反不如中国的简易方法,用人既少,

而所染出之丝，色泽好、效率高，且成本较低。由此，他联想到中国固有的长处，也有不少值得西方人学习的。1896年，徐建寅被派往福州船政局做技术工作，他到任后处处从实际出发，以他多年治厂和制造的经验、阅历，在恢复生产和治理整顿方面做了不少工作。在此期间，他亲自设计并督工监造了一座当时被称为国内最大的船坞"青州船坞"。

福州船政局

**开拓化学工业**　中国军事化学工业，是从制酸和制造新式火药开始的。火药，是中国最早发明的，但在清政府创办机器局的初期，制造枪炮弹所需用的火药，包括黑火药，大都购自外国或聘请洋师、洋匠来华主持制造。对于当时被西人称为最新的无烟火药，其制造方法更秘不示人。而制造火药的主要原材料硫酸、硝酸等，都是从外国高价购进，仅此一项每年就要花费很多银两，而且还因为长途转运，有时延误了生产制造。对此，徐建寅同父徐寿深有感受，为解决用酸问题，他们积多年对化学的研究，在江南制造局开始试制，不久便在龙华火药厂研造成功。与此同时，他们父子还研制出了镪水药棉及汞爆药等，为中国制造火药的技术开创了新局面。

## 工匠精神研学

**经过实践和总结** 以徐建寅父子为主,先后为江南制造局、天津机器局编写了有关制酸、淋硝等各种工艺和制作规程,如《净提毛硝法》《熬炼镪水法》《提浓镪水法》《提浓磺镪水法》等。

**军事工业专家** 1875年9月,徐建寅聘调来山东,受命总办山东机器局的创建工作,经过勘察和多方面了解,首先确定了厂址。他选定了"不切近海口""水陆运输便利"附近又盛产煤铁的济南泺口。对于建设规模、生产制造、置办机器、选工募匠等,也都"详加考究"。在徐建寅经营规划并"躬亲实践"的带动下,一个能生产火药、制造枪炮的中型制造局,只用了一年时间便已全部建设完备,所用经费,与同时期的其他各局相比节省了许多。

**山东机器局** 是清政府创办机器局以来第一个没用西方人插手,也不是照搬西方的模式,而是由中国的第一代工程技术人员自己设计建造起来的机器局。山东机器局的另一特点是设备"精良",技术工匠"熟练"。为购置机器设备,徐建寅几次去上海,走访许多家外国商行,经过对比、考察,达到了实用和节支的目的。在人员工匠配备方面,他通过各种渠道,从浙、沪、宁等地招聘来一批"熟手巧匠"作为生产技术骨干。因此,山东机器局从创办到数十年后,设备、制造都非常良好。被誉为"设备堪与西洋诸厂相比","制造的各种军火悉皆精良适用"。其他,如对马

山东机器局公务堂旧址

尾造船厂大型船坞的设计、监造，湖北保安火药局竣工投产的速度等，都充分显示了徐建寅这位工程技术专家的才能与智慧。

## 【研学内容3】数学、天文

**人物** 李善兰，原名李心兰，字竟芳，号秋纫，别号壬叔，浙江海宁人，著名的数学家、天文学家、力学家和植物学家。

**时期** 近代。

**工物 数学** 李善兰在数学方面的主要成就有尖锥术、垛积术、素数论。李善兰创立的"尖锥"概念，是一种处理代数问题的几何模型，他对"尖锥曲线"的描述实质上相当于给出了直线、抛物线、立方抛物线等方程；他用"分离元数法"独立地得出了二项平方根的幂级数展开式，结合"尖锥求积术"，得到了 π 的无穷级数表达式；在使用微积分方法处理数学问题方面取得了创造性的成就。李善兰从研究中国传统的垛积问题入手，获得了一些相当于现代组合数学中的成果。例如"三角垛有积求高开方廉隅表"和"乘方垛各廉表"实质上就是组合数学中著名的第一种斯特林数和欧拉数。在数学研究领域，李善兰不仅对中国传统的数学理论进行总结，更重要的是他学习研究了近代西方发达国家的数学理论和求证方法，创新了自己的研究成果。

李善兰

**天文学、力学** 李善兰把《天文学纲要》《自然哲学的数学原理》介绍到中国，将西方的近代科学思想体系、观点和方法编译成书，进行推广和教育，他执笔的中文译著《谈天》对原著做了删略，不仅把近代天文学第一次系统地介绍到中国，而且还引进了有关万有引力的学说和天体力学的内容。在《重学》一书的序言中，强调了动力学的内容，"推其暂如飞炮击敌，动重学也；推其久如五星绕太阳、月绕地，动重学也。""动重学之率凡三：曰力、曰质、曰速。力同，则质小者速大，质大者速小；质同，则力小者速小，力大者速大。""动重学所推者力生速。凡物不能自动，力加之而动，若动后不复加力，则以平速动；若动后恒加力，则以渐加速动。""凡物旋动，必环重心，地动是也。二物相连而相绕，

《自然哲学的数学原理》

必环公重心，月地相摄而动是也。"李善兰在所著《火器真诀》中按照不计空气阻力抛射体在平面或斜面上射程的公式，提出弹道学的图解方法。

【研学内容4】铁路、桥梁

**人 物** 詹天佑，字眷诚，号达朝，徽州婺源人，铁路工程专家。

**时 期** 近代。

**工 事** 詹天佑是中国近代铁路工程专家，因为爱国而敬业。被誉为"中国首位铁路总工程师"。1905—1909年主持修建中国自主设计并建造的京张铁路，首创"竖井开凿法"和"人"字形铁路。筹划修建沪嘉、洛潼、津芦、锦州、萍醴、新易、潮汕、粤汉等铁路。著有《铁路名词表》《京张铁路工程纪略》等。

**唐山铁路** 1888年，詹天佑到中国铁路公司任工程师，他亲临工地，与工人同甘共苦，用了七十多天的时间就竣工通车了。唐山铁路在开滦煤矿唐山矿1至3号井东面，铁路从一个上百年的涵洞里穿越而出，从唐山

市区主干道新华道下穿过,全长12公里,这就是中国第一条国际标准轨距铁路。

**滦河大桥** 1892年开平矿务局着手修建关东铁路第一段由古冶到山海关的铁路。当这条铁路延伸到滦河岸边时,奔腾咆哮的滦河水使修路的步伐戛然而止。面对水急河宽,泥沙深厚,地质结构复杂,英、德、日等国专家一筹莫展。各国建滦河大桥失败之后,詹天佑要求由中国人自己来建造,他详尽分析了各国失败原因,又对滦河底的地质土壤

詹天佑

进行了周密的测量研究之后,决定改变桩址,采用中国传统的方法,以中国的潜水员潜入河底,配以机器操作,胜利完成了打桩任务,建成滦河大桥。

**京津铁路** 天津市到北京市西南郊卢沟桥,詹天佑担任铁路工程师。1895年建设,1897年6月通车,是中国最早的一条复线铁路。

**萍醴铁路** 1901年7月,詹天佑受清政府铁路总公司督办盛宣怀委派,到萍乡协助美国铁路工程师李治、马克来修建株萍铁路的萍醴段。他在无图纸的情况下,利用一个多月的时间,重新进行勘测和设计,并调集人马立即动工。詹天佑采用土洋结合的办法,不到3个月的时间,湘东大桥便铺上了钢轨。萍醴铁路全长38公里,是专为汉冶萍公司运输而修建的,将江西萍乡安源煤矿的煤供给汉阳铁厂。

**新易铁路** 1902年秋,直隶总督袁世凯任命詹天佑为新易铁路总工程师,责成他在6个月内完工。这是中国人自己修建铁路的开始,詹天佑仅用4个月的时间建成。

## 工匠精神研学

**京张铁路** 1905年9月4日，铁路正式开工修建，12月12日开始铺轨。京张铁路要穿过高山峻岭，土石工作量浩大，需穿越涵洞，又要架设7000余米的桥梁。据詹天佑记述"路险工艰为他处所未有"，特别是"居庸关、八达岭，层峦叠嶂，石峭弯多，遍考各省已修之路，以此为最难"。詹天佑亲率工程队勘测定线，选定由西直门经沙河、南口、居庸关、八达岭、怀来、鸡鸣驿、宣化至张家口。

京张铁路

全程分为三段：第一段丰台至南口段，于1906年9月30日全部通车。第二段南口至青龙桥关沟段，于1908年9月完成了工程。关沟段穿越军都山，最大坡度为千分之三十三，曲线半径182.5米，隧道四条，长1644米，采用"人"字形铁路，工程非常艰巨。第二段工程打通了居庸关、五桂头、石佛寺、八达岭四条隧道，最长的八达岭隧道1092米，是靠工人的双手，在极其困难的条件下完成的。采用南北两头向隧道中间点凿进的同时，又用竖井方法挖掘，在中部又开凿两个直井，分别可以向相反方向进行开凿，增加工作面，依靠人力建成了这条中国筑路历史上的第一条长大隧道。第三段青龙桥至张家口段于1909年9月全线通车。第三段工程的难度仅次于关沟，要建一条由7根30米长的钢梁架设的怀来大桥。在詹天佑正确的指挥下，胜利完成了全线工程。

【研学小结】

小学阶段：说出1个近代工匠的代表人物。

初中阶段：说出1—2个近代工匠的主要贡献。

高中阶段：说说如何传承工匠精神。

【小结形式】

小学阶段：提示完成。

初中阶段：交流完成。

高中阶段：讨论完成。

【研学考评】

导师考评：侧重现场活动。

基地考评：侧重组织纪律。

学校考评：侧重参与意识。

学生互评：侧重团队意识。

【考评档次】

合格：按要求参与研学活动，遵守纪律、服从安排。

良好：按要求参与研学活动，遵守纪律、服从安排，参与意识较强。

优秀：按要求参与研学活动，遵守纪律、服从安排，参与意识和团队意识较强。

工匠精神研学

# 当代工匠课

**班级组织　现场讲解**

【研学类型】知情类。

【教学提示】有效组织，现场讲解，即时考评。

【研学要求】列队，集中听讲、提问，注意安全，遵守纪律。

【研学作业】领悟工匠精神，观察模型，描述模型，制作模型。

## 【研学内容1】概述

1949年10月1日，中华人民共和国成立，中华民族翻开了崭新的一页。经过社会主义改造、探索和改革开放，新中国的经济建设进入了快速发展阶段，在中国共产党领导下将一个贫穷、落后、一穷二白的旧中国建设成了富强、民主、人民安居乐业的社会主义强国。在实现"两个一百年"的征程中，在人民群众中孕育出了弥足珍贵的劳模精神、劳动精神和工匠精神，为实现中国梦做出了巨大贡献。

## 【研学内容2】航天工匠

**人物** 洪家光

**时期** 当代。

**简介** 中航工业沈阳黎明航空发动机（集团）有限责任公司的一名普通车工，技校毕业，中航工业的首席高级技师。飞机发动机是欧美国家最保密的核心技术，

洪家光

限制我国的进口，而叶片作为航空发动机的核心，尺寸误差要小于0.003毫米，这相当于人体头发丝的二十分之一，其困难程度可想而知。洪家光经过1500多次的尝试，写了将近十万字的心得，每天工作十四小时以上，终于攻克这项难题。他打磨的零件误差仅0.002毫米，精度超过西方国家，累计为公司创造产值8500余万元。结束了我国进口国外发动机的历史，为我国的大型飞机提供了强有力的技术保障。

# 工匠精神研学

## 【研学内容3】高铁工匠

**人　物**　李万君，吉林省长春市人。

**时　期**　当代。

**简　介**　长春客车厂职业高中毕业，中车长客股份公司高级技师，中车长春轨道客车股份有限公司电焊工。先后参与了我国几十种城际列车、动车组转向架的首件试制焊接工作，总结并制定了30多种转向架焊接规范及操作方法，技术攻关150多项，其中27项获得国家专利。他的"拽枪式右焊法"等30余项转向架焊接操作方法，累计为企业节约资金和创造价值8000余万元。

李万君

**人　物**　宁允展，山东青岛人。

**时　期**　当代。

**简　介**　青岛四方机车车辆公司车辆钳工高级技师，技能专家，高铁首席研磨师。国内第一位从事高铁转向架"定位臂"研磨的工人，也是这道工序最高技能水平的代表。从宁允展和他的团队手中研磨的转向架装上了673列高速动车组，奔驰9亿多公里，相当于绕地球2万多圈。他执着于创新研究，主持的多项课题和发明的多种工装工具每年可为公司节约创效近300万元。

宁允展

**人物** 白芝勇，四川省巴中市渔溪镇人。

**时期** 当代。

**简介** 石家庄铁道学院毕业，高级测量技师，中铁一局集团第五工程有限公司精密测量队分队长。1999年，刚参加

白芝勇

工作的白芝勇，为了早日掌握测量仪器的技术技能，每天下班后，都会把水准仪抱到办公室，利用地面、椅子、桌子形成高差，用钢卷尺将高差量出来，然后用水准仪去测。一次又一次，反复试，不断练，慢慢地他有了手感，也对仪器有了直观的认识，一直练到信手拈来就能准确无误。他利用全球定位系统GPS对台缙高速公路苍岭隧道、诸永高速公路云腾岭隧道、精伊霍铁路北天山隧道、襄渝铁路复线安康段、郑西客运专线等重点工程项目进行了控制测量。通过几个项目的实施与应用，大大降低了成本，提高了精度，节约了劳动时间，在武广客运专线浏阳河隧道开展了"竖井定向测量系统应用技术"的研究和运用，通过对竖井定向测量方案进行了比选，经过反复测试，采用双投点、双定向技术，即使用普通陀螺经纬仪、铅锤仪联合定向法，成功解决了浏阳河隧道3#竖井长距离开挖正洞高精度贯通的施工测量难题，提高了横向贯通精度，节约成本40多万元。

**人物** 翟长青，山西省昔阳县人。

**时期** 当代。

**简介** 湖北省襄阳市技工学校毕业，中铁四局有限公司第八工程分公司工人。翟长青是我国第一台电传动轨道车安装调试负责人，参与了

## 工匠精神研学

450T 及 900T 箱梁运架桥机和 CPG500 无缝线路长轨条铺轨机组研制。翟长青为了能够从一块块设备显示屏的反馈信号上迅速排查，准确地搞清故障原因，一有时间，他就拿出那些英文说明书，一边翻阅英

翟长青

文字典，一边查阅网上资料，反复比对相关电控技术，仔细研究这些设备元器件的线路图，用线点排除法对它们进行"解剖"，有时竟忘了吃饭、睡觉，这种坚持与不懈努力，练就了他对各种设备故障排除"一针见血"的本领。2008 年初，翟长青从武广高铁铺架基地完成电力布控方案回合肥的途中，接到宜万铺架工地 JQ160 型架桥机运梁车牵引电机损坏的电话，机组维修人员拆开后发现电机转子线圈都被甩出来了，现场已停工。坐在长途车上的翟长青立即判断故障原因是超速引起的，宜万铺架地处千分之十八的长大坡道，而必须限速的运梁车下坡控制滑行速度时，因车上无速度显示屏使操作人员无法掌握实际速度，很容易超速损毁电机。经过反复咨询和实验，用编码器接近开关和数字式速度表相组合的办法安装在运梁车上，彻底解决速度的显示和控制问题。

**人物** 孙景南，安徽定远人。

**时期** 当代。

**简介** 大专学历，高级技师，高级工程师，中车南京浦镇车辆有限公司车间电焊工。孙景南是中车集团首席焊接技能女专家，凭借精湛技术，在上海明珠线、南京地铁机场线、上海地铁 13 号线底架地板焊接修复等多

个项目中力挽狂澜，攻关总结出坡口圆圈摆动焊接等89项先进操作法，其中"铝合金中空型材焊接修复法"书写了焊接修补技艺传奇，年创效300多万元，带领团队完成"铝合金车体底架大横梁裂纹工艺改进"等攻关课题80多项，创效1400多万元。"眼察变化知瑕疵，无痕修复有绝技，中国高铁焊匠中的花木兰。"作为大国工匠，她独具匠心地说，"工匠的'匠'，从字形上看，外面是一个框，里面是一个斤，就应该对自己斤斤计较一点"，她认为肩上的担子比焊枪重得多。

孙景南

**人物** 罗昭强，吉林省长春市人。

**时期** 当代。

**简介** 高级技师、高级工程师，中车长春轨道客车公司高速动车组制造中心调试车间高级诊断组工人。罗昭强从一名顶级维修电工转行当起了调试工，从那时起，他的手机、电脑里存满图纸，每天早晚坐班车都在研究。在长期的工作实践中，罗昭强完成4项发明专利、7项实用新型专利，申报15项国家专利，累计为企业节约成本近千万元。罗昭强

罗昭强

已经先后研制出具有自主知识产权的一系列动车组关键调试装备，540 件成果在动车组调试工序中得到广泛应用。

【研学内容 4】制造工匠

人物　胡胜

时期　当代。

简介　中国电子科技集团第十四研究所数控车高级技师、班组长。胡胜职高毕业后，进入一家国有工厂当了一名车工，刚接触数控车工技术的他，因为技艺

胡胜

精湛，作为特殊人才被引进到十四所，成了该所第一批数控机床操作工。从一名职高生成长为全国技术能手，胡胜在车床上诠释着精益求精、追求极致的工匠精神。后被两所高校特聘为教授和思政课老师，在更大的舞台上实现了工匠精神的传承，被大家称作"工人院士"。

人物　刘伯鸣

时期　当代。

简介　中国一重集团铸锻钢事业部 1.5 万吨水压机锻造工，高级技师。刘伯鸣一直战斗在生产一线 20 多年，创造使用了 30 多种锻造

刘伯鸣

方法，研发了 30 余项创新技术，填补了多项国内空白，打破了国外技术垄断。他指挥锻造的水室封头产品全部一次合格，解决了世界性难题，提高了我

国核电产品的使用寿命。他参与核电产业项目、大型铸锻件产品等锻造任务，并出色地完成了AP1000锥形筒体、水室封头、619吨核电常规岛转子的锻造，攻克了各种超大、超难锻件及核电锻件的生产难关，为中国一重在超大锻件制造领域赢得了国际话语权。刘伯鸣凭借他丰富的实操经验，对细节做到了精益求精，成为中国锻造业的重要人物，一次次临危受命，彰显了这位巧匠的"大智慧"，他用匠心匠艺锻造"国之重器"，为企业做出了重大贡献。

**人物** 杨金安

**时期** 当代。

**简介** 洛阳中信重工冶炼车间工人。高中毕业后进入中信的冶炼车间。他从学徒做起，多年来积攒了丰富的经验，现在他凭肉眼就可以判断

杨金安

出钢炉温度，泼一勺钢水在地上，就能判断其成分是否合乎要求，这项绝活，一年能为企业节约上百万元的电费。冶炼车间1600多摄氏度炉内高温、50多摄氏度室内温度，为了保障安全，工人还要在贴身衣服外再套上厚厚的阻燃服。设备运转响声不断，工友站在身旁也要扯着嗓子讲话、挥动双手比画……杨金安在这样艰苦的炉前，一干就是30多年。炼钢需要技术，更离不开经验和创新，为此他组建了"创客"团队，每周五上午在一起探讨生产过程中的难题，固化每一个特钢项目的冶炼方法，为企业创下千万效益。杨金安写的60余本工作手册，是年轻炼钢工人争相传阅学习的"宝典"。经他手冶炼过的特种钢就有多种型号，如中国航天钢、中国航母钢、中国

71

## 工匠精神研学

核电钢、超超临界转子钢、石化加氢用钢等。他带领团队3天内两创国内行业纪录，实现了中国钢铁工人在"中国制造"界的辉煌。"只有执着专注，才能百炼成钢"，是杨金安对大国工匠的理解。

**人　物**　李凯军

**时　期**　当代。

**简　介**　中国一汽技工学校维修钳工专业毕业，一级操作师，中国第一汽车集团公司铸造公司模具钳工，高级技师。李凯军刻苦钻研模具制造专业知识，练就了高超的钳工技术，加工制造了数百种优质模具，尤其是出色完成了重型车变速箱壳体等高难度压铸模具的制造，在我国高、精、尖复杂模具加工方面独具特色。李凯军并不满足于完成工作任务，他还努力攻克模具制造中遇到的技术难题，不断改进模具制造技术，体现了我国制造业的工匠精神。

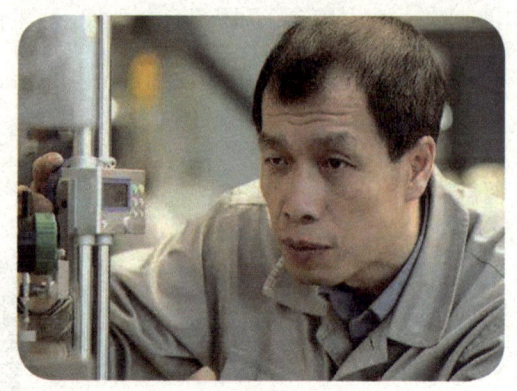

李凯军

**【研学小结】**

小学阶段：说出1个当代工匠的代表人物。

初中阶段：说出1—2个当代工匠的主要贡献。

高中阶段：说说如何传承工匠精神。

**【小结形式】**

小学阶段：提示完成。

初中阶段：交流完成。

高中阶段：讨论完成。

**【研学考评】**

导师考评：侧重现场活动。

基地考评：侧重组织纪律。

学校考评：侧重参与意识。

学生互评：侧重团队意识。

**【考评档次】**

合格：按要求参与研学活动，遵守纪律、服从安排。

良好：按要求参与研学活动，遵守纪律、服从安排，参与意识较强。

优秀：按要求参与研学活动，遵守纪律、服从安排，参与意识和团队意识较强。

工匠精神研学

# 故 事 课

## 班级组织　现场讲解

【研学类型】知情、互动类。

【教学提示】有效组织，现场讲解，即时考评。

【研学要求】列队，集中听讲、提问，遵守纪律。

【研学作业】领悟工匠精神，观察模型，描述模型，制作模型。

## 【研学内容1】给机械以生命的人

**机械保育员** 信恒均说:"我喜欢跟这些铁疙瘩打交道,它们就像战士手中的枪,如果保养不到位,到了战场上用不了,打了败仗,那是我的职责,也是我的耻辱。"他每每说起自己保管、维修

信恒均

的那些机械,都像在诉说着有生命有灵魂的战友,他把维护这些机械看成了自己生命中最重要的事情。信恒均是一个中年汉子,他高大的身躯总穿着一身黄色的工作服,身上总是星星点点,布满油污,他伸出的大手,指甲里还能隐约地看到黑色的污渍,这些污渍在旁人看来都是一枚枚耀眼的"奖章"。信恒均所在单位担任汉宜、宜万线259公里正线、108条股道、266组道岔的维修保养任务,拥有各种类型冲击镐60台、螺丝松紧机30台、内燃捣鼓机8台、发电机25台等价值400万元的机械设备。信恒均和他的同事负责这些机械设备的维护、修理和保养工作。在维修工区放着近千个蓝色的盒子,盒子里全部是机械配件或零件,架子上都贴着标签还印上了二维码,哪个零件是哪台机械用的,都写得清清楚楚。为了更加熟练地找到每个零件、每台机械存放的位置、型号和使用说明,信恒均放弃了公休,把每个零件、每台机械都牢记在心,了如指掌,被工友们称为"机械的保姆"。

**机械维修匠** 信恒均想弄懂机械内部构造,就拆开机械仔细研究,记牢每一根线路、螺丝的走向和位置。凭借他多年的检修经验,他通过听、闻、校就能准确判断出各种机械在使用过程中出现的问题,他只要看一眼

## 工匠精神研学

故障现象或听一听机械发出的声音,就知道哪里出了故障。为了让机械设备正常运转,他十几年都没休过年假,日均维修机器10余台,春运高峰时每天要修理60

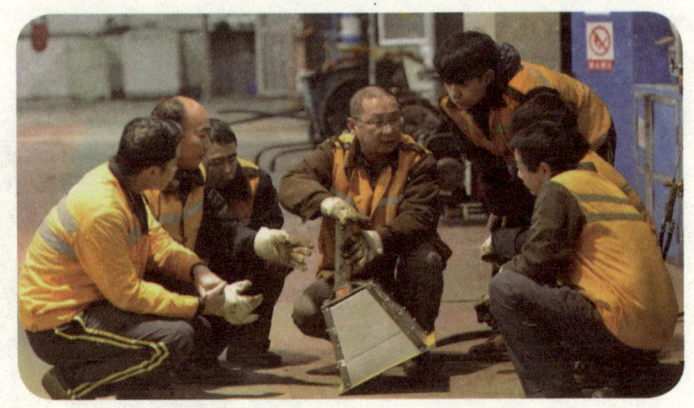

信恒均推广使用他的发明

余台。修机械时全凭手感,戴手套不方便。整天维修工具,跟机油、柴油打交道,信恒均下了班得用鞋刷才能刷掉手上的油污。由于手上总是油污,容易打滑,有时抬个东西,搬个机械,稍不注意就会受伤。他一双粗糙的大手上伤痕累累,左手做过四次手术,无名指里埋了钢丝,右手中指的末关节也因受伤伸不直。为了不影响旅客出行,尽快完成铁轨修复,除了需要维修工精湛的维修手艺,还需要信恒均这样为维修师傅提供机具、维修机具的人。信恒均从1995年开始从事铁路养护设备的维修工作,一干就是20多年,他完成了36项技术改造,节约养护成本以及创造效益数百万元。

<u>**改革创新的"土专家"**</u>　信恒均喜欢钻研机械,他的发明创造很多。例如他发明的"卸砟神器",用很少的工人在很短时间内就能完成原来的工作量,这一技术已经在多个施工工地推广使用。信恒均通过反复琢磨,反复试验,对旧打磨机进行改装,不仅可以打磨铁轨内侧,还可以打磨正面、外侧,购置材料及加工费不到5000元,代替了只能打磨铁轨内侧、售价12万元的进口打磨机,大大节约了成本。类似的改良、发明创造还有很多,完成各类技术改造项目36项,节约养护成本费用108万元、5000多工时,累计为企业创造效益368万元,成为远近闻名的"土专家"。

## 【研学内容2】故宫红墙内的钟表匠

**不善言辞的学徒工** 王津是师父最小的徒弟,师父不太爱说话,他不仅传承了师父的手艺,也延续了师父的人格品德,他在师父身旁默默地追随研习,将师父的真传内化于心,外化于行。如今王津自己的工作台面也和当年师父的一样,边缘被磨出了深深的沟痕,经过40多年的磨炼,王津成了故宫红墙内的修表匠。

王津

**守规矩炼匠心** 别看王津师傅平时不善言辞,但他艺高人胆大,只要他认准的活儿,不管工艺多么复杂,都会一丝不苟地去完成。他在修复铜镀金乐箱水法双马驮钟时,粘补外壳,恢复机件功能,完成了上百道工序,并能从不起眼的齿轮背后,发现制钟匠人留下的标记,他在拆解古钟结构的过程中也深深理解了前人的独运匠心,在这座精密的机械宫殿,王津隐隐感受着跨越时空的工匠对话。王津恪守着老辈宫廷修复师留下来的规矩,宁可伤手,也不伤文物。在他反复清洗后,古钟的铜质零件都焕发出久违的光泽,也露出了程度不一的残损。王津师傅遵循对文物的干预最小这一铁律,练就了精湛的锉功,他能将一块铜料锉磨成米粒

修复前(左)和修复后(右)的宫廷钟表

## 工匠精神研学

般大小焊在齿轮上，再锉出与原件一致的磨损，通过搭扣、咬合、旋转，将动力精准地转换成演绎、音乐和走时等各种复杂的功能。经过王津的"妙手回春"，这架高122厘米、200多年前的双马驮钟重新注入了"生命"。

<u>入境界成大匠</u> 40多年来，王津修复的各类文物钟表多达300多件，他修复过最为复杂的数十件馆藏钟表一级文物。在与异国古匠的技艺交流中，日渐体会到了大匠境界。为了传承这项传统技艺，他还主持完成了多项课题任务，悉心收徒、传帮带。他说，"文物修复是几代工匠间的对话"。扎扎实实干活，问心无愧做人，这就是工匠的境界，只有这样才敢承接前代的真传，才有底气说出对后世的交代。

### 【研学内容3】蜀道电力的守护者

<u>秦岭深山的活地图</u> 周红亮是个眉宇间带着英气却又掩饰不住质朴和细腻的西府汉子，是国网陕西宝鸡供电公司秦岭输电运维班班长。秦岭山脉是我国南北气候分水岭，高山险峻、环境复杂，周红亮日夜坚守在巡线保电工作的一线，奔走于秦岭深山无人区，掌控着输电线路每一处变化。24年来，他奔走了6万多公里，发现处理线路缺陷上万处，确保了维管线路无人员责任故障，保证了辖区铁路、工农业安全用电，以自己的行为诠释着新时代工匠精神。周红亮所在班组维管的线路跨越两省两区三县，维护半径260余公里，巡视一遍要徒步走2000多公里，他对辖区的每一处高山、每一条沟壑了解得就像自己的掌纹，被大家亲切地称呼为"活地图"。

<u>舍小家为大家</u> 周红亮巡视维护的设备里，有新中国第一条电气化铁路——宝成铁路和新中国第一座带负荷融冰变电站——110千伏融冰变电站。宝成铁路穿越秦岭山区，有600多公里的线路，每次上山巡线都要带上蛇药、虫药和砍刀等工具，边走边喊话，要不然会被别人当成野猪打，

还有无数次和狼、熊、野猪等野兽相遇,险象环生。但每次想到他的付出能保证宝成铁路的供电安全,能保证150万人民群众的生产生活用电,他又无比地自豪。110千伏融冰站要求在冬季最冷的时候进行融冰作业,站内条件极其艰苦,喝的是山沟里的冰水。周红亮每次过春节都放弃和家人团聚的时间,深入深山,带负荷融冰,他已经20多个春节没有回家了。当人们举家团聚时,他还在像平日一样地工作。"融冰,巡视,再融冰,再巡视",这就是周红亮在融冰巡线中度过的一天,饿了就吃几口干馍,累了就在雪地里休息一会儿。有一次春节期间,他把妻子和儿子带到了工作现场,在那里什么都没有,更别说看电视了,在城市里面过年是很热闹的。但这个工作总得有人去做吧,慢慢地,家人也就理解了。

**独具匠心的发明家** 这几年,大家对巡线工的印象越来越好,从过去简单、质朴的形象,转变为高质量的产业技术工人。周红亮能坚持下来的秘诀就是创新,在长年艰苦枯燥的工作中,周红亮觉得思考、解决工作中遇到的问题就是乐趣。为避免在巡线过程中被蜜蜂伤害,他研发

宝成铁路

了"防蜂帽"。在解决导线接点发热带电处理的问题上,他研制出了"遥控式电动分流器"。另外他还研制出了"线路除障精灵""多功能巡线背包""防蛇金具"。周红亮每次巡线中,他的腿在走,耳在听,眼在看,脑子还在思索。当其他人在抱怨各种困难和问题的时候,周红亮总是在思考怎么解决这些问题。他利用业余时间学习了大量的送电线路和带电作业的书籍,在他房

间里到处是书和资料。正是这种用心钻研的精神使他解决了一个又一个生产生活中的难题。

【研学内容4】"黄河人"的精神底色

吃苦耐劳的"黄河人" 李涛在黄河边长大，2012年，退伍后的李涛被安置到潘庄养护队，成为一名河道修防工。多年军旅生涯造就了他吃苦耐劳、敢于拼搏的品格，面对偏远、条件差、交通不便、风吹日晒的露天工作环境，他日复一日、年复一年地重复着维修养护、绿化植树工作，他坚持干一行、爱一行、钻一行、扎根基层、兢兢业业，没有一句怨言。清扫堤顶路面、修整坍塌备防石垛、填垫水沟浪窝、查看水位等，9.5公里长的堤防，34段坝岸，巡查一趟要花几个小时，这都不算什么，最苦最累的要数修剪草皮。面对烈日的炙烤，李涛全副武装背起20斤的割草机，草屑打在身上，夹杂着汗水，跟针扎一样疼，扫到的碎石打得身上伤痕累累。汗水浸湿的工作服，时间久了像盔甲一样坚硬。每年有两个多月的打草季，李涛每天将近9个小时与汗水、灰尘、机器轰隆声为伴。他手上磨出了老茧，皮肤晒得黝黑，这样的工作李涛一干就是7年。

好学创新的"黄河人" 他刻苦学习，努力提升自身综合素质和专业技能。工作初期，他利用业余时间学习专业知识，练习实操技术。他研读《园林绿化工程》《施工项目管理》等书籍，读不懂的就向身边的老前辈请教，白天太忙他就晚上看书，学到好的办法就在第二天实践一下。理论和实践的紧密结合，使他的业务水平迅速提高。他完成多项技术革新，如完成"黄河工程生物防护新型药物喷洒装置""控导工程砌石护坡施工人员防护装置""便携式开坑辅助装置的研制与应用""堤顶道路小型标线喷涂装置""雷诺石笼护坡在根石加固中的应用""多功能折叠式子堤在黄河抢险中的应用"等项目成果研制，不仅提升了工作效率，还大大节约了工程维修养护资金。

<sub>延续精神的"黄河人"</sub> 李涛生在黄河边，从曾祖父、祖父到父亲，祖辈三代都是"黄河人"，传到李涛这里已是家中第四代"黄河人"。他像老一辈"黄河人"一样，割草、种树、养护堤坝，不一样的是，李涛这代治黄人生活工作环境得到了较大的改善，从规划到实施，都更加科学高效，这与李涛的改革创新精神是

李涛（右一）和同事巡堤查险

离不开的。他的许多成就并没有让他停止基层的工作，虽然辛苦，但他因是一名黄河的守护者而自豪，并立志把这种工匠精神传递下去。

【研学内容5】油田里的"土专家"

<sub>戈壁滩上的一抹橘红</sub> 在千里之外的新疆，在茫茫戈壁滩的深处，有这样一群无私奉献的人。他们身穿橘红色工作服，怀揣支援边疆的热情，投身到祖国的石油事业当中。他们靠着传承和钻研，凭着专注和坚守，数十年如一日地追求着技术的极致，实现了一个又一个的"中国制造"。谭文波就是这样的一个人，技校刚毕业的他，便在荒凉的戈壁滩当起了石油工人，这一坚守就是20多年。

<sub>从"土专家"到"石油诸葛"</sub> 谭文波勤奋好学，解决了好多生产一线难题，同事们都叫他"土专家"。其实他就是一名普通的工人，就喜欢捣鼓一些"破烂零件"，他家里堆满了小型车床、电机等各种实验器材，却

## 工匠精神研学

没有一件像样的家电,他经常把自己的积蓄拿出来购买试验器具,没有经费和资源,只有依靠旧料改造。一次公司的一辆电缆测井车的液压泵出现故障,耽搁一天,公司就要遭受巨大的

谭文波

经济损失,他用废旧材料排除故障,为公司挽回经济损失100余万元。

谭文波对"抽汲防喷盒"进行加工改造,从研发到应用仅用了不到10天的时间。在试油抽汲工艺中,这个小发明解决了环保大问题。他研发出的新型电缆桥塞坐封工具,首创实现了以电能为动力取代火工品的作业方式,是石油行业中地层封闭工艺的一次重大技术革新,大大降低了民爆物品的安全隐患。该技术在新疆油田桥塞封闭作业中应用1300多井次,创直接经济效益6000多万元。他把所有的业余时间用来发明创造,工作室里琳琅满目的都是机械设备,又被同事亲切地称为"石油诸葛"。

**面对诱惑,不忘初心**　他的新型电缆桥塞坐封工具试验成功后,有几家国内外企业找到谭文波,都表示出百万高价购买这项专利,还有愿意全款资助谭文波的孩子出国留学。他都客气回绝了,他说:"说到底是企业成就了我的现在,我就是一名技术工人,我能为企业创造的最大价值就是把手头的活做细、做精、做好。钱对我来说很重要,但和我的工作比起来,可以说微不足道,一路走来,能干成几件自己喜欢而又有意义的事,留下一些值得回忆的东西,我想也就没什么遗憾了。"

**【研学内容6】为壁画"治病"的医生**

**巧结敦煌缘** 1956年，国家发起建设大西北的倡议，正读高二的李云鹤从山东出发，去往新疆，因中途探望在敦煌工作的舅舅，逗留了几天。敦煌文物研究所所长一眼就相中了眼前这位"大高个"，邀请李云鹤留了下来。莫高窟地处大漠深处，十分荒凉，很多修复师因受不了寂寞纷纷离开。在满是沙尘的寒风中，李云鹤从打扫洞窟卫生做起。即便是冬天他也经常干到满头大汗。3个月后，李云鹤成为当年全所唯一公投转正的新人。没想到，这一留竟是一辈子，成了敦煌第一名专职修复工匠。

**苦练"补天"术** 敦煌莫高窟壁画修复工作是一个"天大"难题，1957年，捷克专家到敦煌474窟做修复实验，李云鹤本想能跟着他学点技术，没想到修复壁画所用的技艺和材料始终对中国人保密，专家走后，李云鹤暗下决心："为了中华文物，自力更生！"资金匮乏，材料紧缺，李云鹤用死红柳木做骨架，将淤泥晒干、加水和成"敦煌泥巴"，用气球安装在注射器上控制修复剂的用量多少，防止了胶水外渗，用布料细腻、吸水性强的白纺绸做按压辅助材料，将自主合成的修复材料放炉子上烤，在外面吹晒，用镜子将阳光反射进洞穴，借光修复壁画。他一遍遍调试，一次次失败，再一遍遍调试，终于攻克了一个个难关。

为将文物复原工作做好，李云鹤跟着名师学线描临摹，塑像雕刻，边学边用，凭着自己对文物的热爱摸索出了一整套科学的修复工艺，用3年时间修复了161窟，使这座濒临毁灭的唐代洞窟"起死回生"，这是他在敦煌完成的第一件工作。

**心手传真谛** 60多年来，李云鹤写了100多本修复笔记，完成了一套科学的工序流程。走访了全国11个省区市，先后为国内26家文物单位进

## 工匠精神研学

李云鹤在修复文物

行一线修复和技术指导，修复过的壁画达4000余平方米。他开拓出"空间平移""整体揭取""挂壁画"等众多国内首创的壁画修复技法，被誉为"壁画医生"。

李云鹤通过自己的言传身教潜移默化地影响和感染着下一代文物修复保护工作者。"文物修复不能图快，要细致入微"，李云鹤认为修复文物不仅要有才，更要有心，所以对学生总是严格要求。在他看来，人的皮肉破了可以再长出来，但指甲盖大的一块壁画却再也长不回来，虽然能补、能画，但画上来的都是新的，失去了文物原有的价值。对破坏文物的行为，李云鹤总是气愤痛斥。他常对学生说，"对文物要有感情，要爱护她，珍惜她，知道她的可贵，才能用心去保护她"。他的孙子毕业后放弃了留在国外的机会，选择回到敦煌，回到爷爷身边，一起从事文物保护工作。

【研学内容7】码头上的"桥吊大师"

**挑战"百尺竿头"** 1998年，竺士杰从宁波港职业技工学校港口机械专业毕业，在宁波港做了一名操作司机，先在龙门吊当司机，后又"盯"上了码头上最有挑战性的设备桥吊。作为桥吊司机新人，竺士杰从头学起，他说："别人能学会的东西，我凭啥学不会？"有了目标，竺士杰趁休息时间就向有经验的桥吊司机请教，不懂就上网查，并且买回一大堆专业书研究。直到把操作要诀牢记于心，他还总结出各种操作方法的不足。在40多米高空，竺士杰坐在8平方米大的桥吊司机室里，低着头，熟练地操作着控制台上的手柄和按钮，着箱、闭锁、拉升、落箱、开锁……仅仅一分钟，一个集装箱的装卸便在他流畅的操作中顺利完成。经过一番苦练，他很快就能稳稳地操作。

桥吊"高手"上岗后，竺士杰首先考虑到桥吊得稳，因为稳是基础。他学习并不盲从，不断对方法进行改进和提高，做过无数次试验。他在每个环节掐秒表，将操作细化到每个微小动作，为了练习精准推挡，虎口都磨出了血泡。从事桥吊操作20多年来，他从一名年轻的职高生成长为拥有龙门吊和桥吊双料证书、优秀的桥吊操作技术高手。竺士杰高效接卸了世界最大的集装箱船"中远宁波"轮；成功抢卸震惊国内外的海损集装箱轮"地中海克里斯蒂娜"；

竺士杰

成功承担"宁波—舟山2006年第700万集装箱""宁波—舟山2008年第1000万集装箱"的起吊任务；大家都称他是操作高手"明星专业户"。

<u style="color:red">无私的"桥吊大师"</u>　竺士杰把经验技术无私地传授给同事，由于手把手的传统"师带徒"效率不高，他就想到编写操作手册。花费3个多月时间，他手写完成了8000字的书稿，自创了"竺士杰桥吊操作法"。该操作法为公司节约1000多万元，显著提升了传统桥吊操作效率，帮助司机在40多米的高空"稳、准、快"地完成集装箱装卸作业，成为宁波港培训桥吊司机的教材。他带出的近120名徒弟都已是公司内生产作业的骨干；他还专门从医生那里学来"推拿"，为缓解队友的工作疲劳服务；他向其所在部门献出2万元，建立了专项基金以鼓励员工勇于创新、建功立业。

## 工匠精神研学

【研学小结】

小学阶段：说出1—2个工匠故事人物。

初中阶段：讲述1—2个工匠故事。

高中阶段：讲好1—2个工匠故事。

【小结形式】

小学阶段：提示完成。

初中阶段：交流完成。

高中阶段：讨论完成。

【研学考评】

导师考评：侧重现场活动。

基地考评：侧重组织纪律。

学校考评：侧重参与意识。

学生互评：侧重团队意识。

【考评档次】

合格：按要求参与研学活动，遵守纪律、服从安排。

良好：按要求参与研学活动，遵守纪律、服从安排，参与意识较强。

优秀：按要求参与研学活动，遵守纪律、服从安排，参与意识和团队意识较强。

# 后 记

中小学生中国精神研学系列读本（以下简称"中国精神读本"），以凝聚中华民族磅礴力量的革命精神、奋斗精神和改革开放精神为主题，通过研学教育在中小学生中树立牢固的社会主义核心价值观。中国精神读本是由河北凯登旅游规划有限公司与河北省社会科学院高海生研究员共同策划和选题申报的重大研学教育项目。

中国精神读本由河北省社会科学院高海生研究员、河北师范大学沈和江教授担任主编。高海生研究员编写了中国精神读本的大纲和内容，对中国精神读本进行了最后的编写和统稿。沈和江教授参与了大纲和初稿的编写工作；张莉英参加了中国精神读本的编写工作；黄彦宾、冯亚飞、王庆余、贺庆为、姚海保、李晓平、唐树兴、付军魁、马晓静、赵旭亮、程志清、江海、安艳芬、温健康、杨玉良参与了部分中国精神读本的编写和收集资料工作。

特别感谢毛福民、周振国等专家学者对该中国精神读本提出的宝贵意见。对在收集整理资料过程中采用的文献资料致以谢意，对研学基地提供的资料等致以衷心的感谢。

由于我们编写水平有限，还存在不足，希望使用中国精神读本的老师和同学，特别是研学基地的专家学者提出宝贵意见，以利在修编中改进提高，使中国精神读本成为中小学生研学教育的精品成果。

# 我的研学总结

| 学 校 名 称 | | | |
|---|---|---|---|
| 学 生 姓 名 | | 所 在 班 级 | |
| 研学目的地 | | 研 学 时 间 | |

## 研 学 小 结

谈 感 想

讲 故 事

## 班 级 小 结